윤성철의 **별의 마지막 모습, 초신성**

과학하고 앉아있네 05

윤성철의 별의 마지막 모습, 초신성

초판 1쇄 펴낸날 2016년 6월 22일
초판 4쇄 펴낸날 2021년 1월 20일

지은이	원종우 · 윤성철
펴낸이	한성봉
편집	안상준 · 하명성 · 이동현 · 조유나
디자인	전혜진 · 김현중
마케팅	박신용 · 오주형 · 강은혜 · 박민지
경영지원	국지연 · 강지선
펴낸곳	도서출판 동아시아
등록	1998년 3월 5일 제1998-000243호
주소	서울시 중구 퇴계로30길 15-8 [필동1가 26]
페이스북	www.facebook.com/dongasiabooks
전자우편	dongasiabook@naver.com
블로그	blog.naver.com/dongasiabook
인스타그램	www.instagram.com/dongasiabook
전화	02) 757-9724, 5
팩스	02) 757-9726
ISBN	978-89-6262-146-4 04400
	978-89-6262-092-4(세트)

이 도서의 국립중앙도서관 출판예정도서목록(CIP)은
서지정보유통지원시스템 홈페이지(http://seoji.nl.go.kr)와
국가자료공동목록시스템(http://www.nl.go.kr/kolisnet)에서
이용하실 수 있습니다. (CIP제어번호 : CIP2016014479)

잘못된 책은 구입하신 서점에서 바꿔드립니다.

과학하고 앉아있네

파토 원종우의 과학 전문 팟캐스트

05

윤성철의 별의 마지막 모습, 초신성

| **원종우 · 윤성철** 지음 |

동아시아

과학전문 팟캐스트 방송 〈과학하고 앉아있네〉는 '과학과 사람들'이 만드는 프로그램입니다. '과학과 사람들'은 과학 강의나 강연 등등 프로그램과 이벤트와 같은 과학 전반에 걸친 이런저런 일을 하기 위해 만든 단체입니다. 과학을 해석하고 의미를 부여하는 "과학과 인문학의 만남"을 이야기하는 것이 바로 〈과학하고 앉아있네〉의 주제입니다.

사회자
원종우

딴지일보 논설위원이라는 직함도 갖고 있다. 대학에서는 철학을 전공했고 20대에는 록 뮤지션이자 음악평론가였고, 30대에는 딴지일보 기자이자 SBS에서 다큐멘터리를 만들었다. 2012년에는 『조금은 삐딱한 세계사: 유럽편』이라는 역사책, 2014년에는 『태양계 연대기』라는 SF와 『파토의 호모 사이언티피쿠스』라는 과학책을 내기도 한 전방위적인 인물이다. 과학을 무척 좋아했지만 수학을 못해서 과학자가 못 됐다고 하니 과학에 대한 애정은 원래 있었던 듯하다. 40대 중반의 나이임에도 꽁지머리를 해서 멀리서도 쉽게 알아볼 수 있다. 과학 콘텐츠 전문 업체 '과학과 사람들'을 이끌면서 인기 과학 팟캐스트 〈과학하고 앉아있네〉와 더불어 한 달에 한 번 국내 최고의 과학자들과 함께 과학 토크쇼 〈과학같은 소리하네〉 공개방송을 진행한다. 이런 사람이 진행하는 과학 토크쇼는 어떤 것일까.

대담자
윤성철

서울대학교 물리천문학부 교수이다. 일명 '과학계의 성시경'이다. 준수한 외모와 차분한 말씨 속에 뜨거운 열정을 숨기고 있다. 초신성 연구를 통해 국제적으로 알려진 유능한 천문학자이자, 예리한 감성과 문장력을 통해 인문학적인 소양도 자랑한다. 어렵게 생각하고 부드럽게 표현할 줄 아는 그가 '과학과 사람들'과의 활동을 필두로 다양한 과학 커뮤니케이션에 나선 것은 실로 당연한 일이다.

보조진행자 K박사

천문학자. 익명 콘셉트이지만 실은 알려질 만큼 알려졌다. 과학자의 고정 이미지를 깨는 특유의 위트가 일품이다.

보조진행자 최팀장

과학은 잘 모르지만 예리하다. 간혹 엉뚱한 소리로 뜻밖의 재미도 선사하는 〈과학하고 앉아있네〉의 청량제이다.

* 본문에서 사회자 **원종우**는 **'원'**, 대담자 **윤성철**은 **'철'**, 보조진행자 K박사와 최팀장은 각각 **'K'** 와 **'최'** 로 적는다.

차례

중국은 달에,
인도는 화성에

원— 2013년 12월에 우리나라 연구진이 중요한 천문학적 발견을 했습니다. 그리고 이게 그 유명한 《사이언스》라는 과학 학술지에 실렸습니다. 내용을 아주 간단하게 이야기하자면 이렇습니다. 생명체를 이루는 필수요소를 6개, 보통은 탄소, 수소, 질소, 산소, 인, 황. 이렇게 이야기를 하는데, 인은 우리 뼈를 구성을 하는 요소이자 DNA에 중요한 성분이기도 합니다. 수소를 비롯하여 탄소, 질소, 산소, 황 등은 우주공간에서 쉽게 발견되는데, 인의 경우는 양이 너무 적어서 아직까지 그 생성 현장을 확인하지 못했답니다. 이 논문의 공저자인 서울대 물리천문학부 윤성철 교수님입니다.

철— 감사합니다.

K— 원래는 그 논문의 첫 번째 저자인 구본철 교수님를 모시려

했는데, 그분이 워낙 바빠서 대타로 이분을 모셨습니다.

철— 한가한 제가 왔습니다.

원— 윤 교수님의 연구와 자세한 내용에 대해서는 나중에 다시 중점적으로 이야기를 하도록 하고요. 그 전에 우리는 늘 하듯이 뉴스 가운데 천문학 관련 이야기들 좀 추려서 간단하게 접근을 해보죠. 제가 기억이 나는 게 2013년 12월 14일에 중국의 창어 3호가 달에 착륙을 했는데, 사람이 타고 간 것은 아니죠?

K— 사람이 탄 건 아닙니다.

원— 그리고 인도에서 비싼 돈 들이지 않고 개발한 화성탐사선인 망갈리안 호도 있죠.

구본철 교수 서울대학교 물리천문학부 교수로, 성간물질과 전파천문학을 연구하고 있다.

창어 3호 창어嫦娥 3호는 중국의 달 탐사선으로, 2007년 창어 1호, 2010년 창어 2호와는 달리 탐사로봇인 옥토끼玉兎를 착륙시킨다. 2013년 12월 2일 시창 위성발사센터에서 창정 3호 로켓으로 발사되었고, 12월 14일 달 표면 착륙에 성공했다. 이는 1976년 소련에서 발사한 루나 24호 이후 처음으로 달 표면에 착륙한 탐사선이다.

망갈리안 호 망갈리안 호는 인도가 2013년 11월 발사에 성공한 첫 번째 화성궤도 우주선으로, '망갈리안Mangalian'은 화성탐사선이라는 뜻의 산스크리트어이다. 소형차 크기의 무인 우주선인 망갈리안은 1,350킬로그램으로, 2014년 9월 24일 화성궤도 진입에 성공했다. 망갈리안 호는 화성 표면을 촬영하고, 화성의 대기성분 정보를 수집한다.

• 인도에서 개발한 화성탐사선 망갈리안 호 •

K— 그 '망갈리안'의 뜻이 바로 화성탐사선이랍니다.

원— 망갈리안이 800억인가 900억 들여서 큰돈 들이지 않고 만들었다는 것이잖아요. 망갈리안 호가 2014년에는 화성궤도에 안착을 한 거죠?

K— 그렇습니다. 화성궤도에 들어섰습니다.

원— 그리고 화성탐사선이 하나 더 있더라고요. 나사NASA에서 발사한 '메이븐'라는 우주선이 2014년 9월에 도착을 하는데, 이것도 화성 대기의 탐사가 목적이랍니다. 화성이 갑자기 돌풍이

불고 기후변화가 급격한 것으로 알려졌잖아요. 그런데 같은 화성탐사선이고 무인탐사선인데 메이븐은 7,116억 원이 들었고, 인도는 1,000억 원이 안 들었네요.

K— 화성의 생명체는 너무 자주 이야기해서 이제 질릴 정도예요.

원— 이제는 아마도 진짜 생명체가 나왔다 해도 안 믿을 거예요.

메이븐 호 메이븐 호는 2013년 11월 발사된 미국의 화성탐사선으로, '메이븐Maven'은 '화성의 대기와 휘발성 진화Mars atmosphere and Volatile evolution'라는 말에서 따온 것이다. 7억 킬로미터를 이동해 2014년 9월 화성 궤도에 진입해 궤도를 돌면서 대기를 탐사하게 된다.

혜성을 따라잡고, 소행성에서 돌아오고

원— 유럽에서 보낸 혜성탐사선이 혜성에 착륙했죠. 굉장히 힘들었을 거 같아요.

K— 발사한 지가 꽤 되었을 텐데요. 2004년에 발사했죠.

원— 착륙은 2014년 11월에 하고요.

K— 10년 만에 착륙을 하는 거죠.

원— 10년 동안 뭐 했나요?

K— 날아가는데 그냥 직선으로 날아간 게 아니고, 혜성의 속도를 따라잡으려고 지구와 화성의 중력을 이용해서 가속하느라 시간이 오래 걸렸어요.

원— 우리가 달에 로켓을 보낼 때도 지구를 돌면서 가속도를 붙이는 것처럼 말이죠? 그래서 혜성을 따라잡는다. 혜성은 대개 조그맣지 않나요?

• 세계 최초로 혜성 착륙에 성공한 혜성탐사선 로제타 호 •

K— 혜성과 비슷한 속도로 날아가면서 착륙해야지 무사히 착륙을 할 수 있습니다. 그 우주선 이름이 바로 로제타입니다.

원— 그 이유가 아마 옛날에 샹폴리옹이 이집트 상형문자인 로제타석을 발견해서 해독한 것과 관련이 있나 보군요?

K— 바로 그 이름이죠. 그 이름을 따서 붙인 거예요.

원— 혜성을 통해서 우주의 비밀을 밝힌다는 의미인가요?

K— 혜성은 태양계가 처음 만들어질 때 있었던 물질의 성분을 거의 그대로 보존하고 있습니다. 그런 의미에서 태양계의 과거를 볼 수 있는 열쇠와 비슷한 거죠.

철— 혜성이 중요한 또 다른 이유는 생명의 기원이 되는 유기분자들이 혜성에 많이 있을 것이라고 생각하기 때문입니다.

원— 왜 하필이면 혜성에 유기물들이 있을까요? 오히려 화성과 같은 행성에서 유기물질들이 발견되지 않나요?

철— 혜성은 별이 형성되는 과정에서 만들어진 물체거든요. 별은 기체와 먼지로 구성된 성간구름에서 만들어지죠. 우주공간에는 많은 먼지들이 있습니다. 이 먼지들은 초신성 폭발이 남겨놓은 잔해나 행성상 성운에서 만들어집니다. 그 먼지들의 성분은 주로 규소, 철, 탄소 등이죠.

원— 모래 성분 비슷한 거죠?

로제타 호 로제타Rosetta 호는 세계 최초로 혜성 착륙에 성공한 혜성 탐사선이다. 2004년 3월 유럽우주국ESA이 발사하여 2008년 9월 지구에서 약 3억 6,000만 킬로미터 떨어진 소행성에 접근해 표면을 근접 촬영하기도 했으며, 2010년 7월에는 소행성 루테시아에 접근하여 관측하기도 했다. 그리고 동면을 거쳐 2014년 11월 처음으로 혜성 표면에 탐사로봇 필레의 착륙에 성공했다. 이 필레는 10가지 첨단 측정 장비와 카메라를 장착하고 있으며, 태양에너지를 동력으로 사용하여 전송하며, 토양과 먼지, 수증기 성분을 분석할 예정이다. 지금은 태양에너지를 받지 못해 동면하고 있다.

장 프랑수와 샹폴리옹 장 프랑수와 샹폴리옹Jean Francois Champollion(1790~1832)은 프랑스의 이집트 학자이다. 1809년 그로노블대학의 역사학 교수로 있으면서 오랫동안 이집트어를 연구하여, 1822년에 로제타석의 문자를 해독했다. 로제타석은 기원전 196년 프톨레마이오스 5세 에피파네스 때에 만든 검은색 비석이다.

철— 그렇죠. 하지만 크기는 0.1마이크로미터 이하로 우리가 흔히 말하는 미세먼지보다도 훨씬 작아요. 별이 형성되는 지역에서는 이런 먼지들 주변의 기체 밀도가 매우 높습니다. 그러다 보니 먼지 주변을 떠돌던 수소, 질소, 일산화탄소 같은 원자와 분자들이 먼지 위에 들러붙고 서로 상호작용하면서, 결과적으로는 물, 메탄, 암모니아, 일산화탄소 등으로 구성된 얼음덩어리를 만들게 됩니다. 얼음덩어리 그 자체에서는 아무 일이 발생하지 않는데, 일단 그 근처에 별이 탄생하면 별에서 자외선이 나오잖아요. 그 얼음덩어리가 자외선이 강한 별빛에 노출이 되면 화학반응이 시작되는 거죠. 암모니아에는 질소가 담겨 있고 일산화탄소와 메탄은 탄소를 포함하고 있죠. 또 메탄이나 물은 화학반응을 잘하는 분자들이거든요. 그래서 그 얼음덩어리 안에서 복잡한 유기분자들이 비교적 쉽게 만들어질 수 있는 거죠.

원— 지금 그 성분들은 초기 지구의 바닷물에 녹아 있던 성분들과 비슷한 것으로 들리거든요. 혜성에 있는 메탄이나 암모니아 같은 것에서 유기물들이 생겨나고, 그것을 우리가 관측해서 초기 지구의 모습을 들여다볼 수 있는 그런 거군요?

철— 그렇죠. 그 안에 도대체 어떤 종류의 유기화합물 분자들이 있었는가? 사실은 저도 프랑스 유학하던 학생 시절에 성간 얼음에서 어떤 종류의 유기분자가 만들어지는가를 탐색하기 위한 실험을 해본 적이 있어요. 실험실에서 온도를 낮춰서 암모니아, 메탄, 물, 일산화탄소로 구성된 얼음덩어리를 만들고 거기에다 자외선을 쏘여요. 그 얼음덩어리에서는 화학반응이 일어나겠죠. 그 후에 적외선 빛을 그 얼음덩어리에 통과시켜서 스펙트럼을 관측하면 다양한 흡수선이 보이거든요. 새롭게 생성된 분자의 종류에 따라 스펙트럼 분광선의 모양이 달라지니까, 그것을 통해서 어떤 종류의 분자들이 만들어졌는가를 유추할 수 있어요. 저는 그 당시에 거름의 주성분인 요소가 이런 과정을 통해 생성되는지 여부를 연구했었죠.

원— 만들어졌습니까?

철— 그럴 거라고 믿었는데, 분광선만 가지고는 확인하기가 쉽지 않더라고요. 명확하게 규명하려면 질량분석기가 필요했는데, 그 장비가 없었습니다. 분광선 관측을 통해 그럴 가능성이 있다는 심증만 갖고 연구를 끝내야 했습니다. 어쨌든, 혜성은 별 탄생 영역 주변의 성간얼음들이 뭉쳐져서 만들어진 것이기 때문에 혜성 안에 많은 양의 복합유기분자들이 있을 것이라고 생각합니다. 실제로 어떤 혜성에서는 아미노산의 일종인 글리신이 관측되기도 했고요.

원— 혜성탐사선이 가서 그런 실험들을 하게 될까요?

K— 돌아온다는 계획을 제가 본 적이 있긴 한데, 그전에 혜성에서 먼지를 가지고 온 적이 있긴 있어요. 착륙해서 가져온 건 아니고 혜성 주변의 것을 캡슐에 담아 지구로 보낸 게 있기는 합

니다. 로제타 호의 탐사로봇 필레가 착륙해서 그런 정도의 성분 분석까지 할지 모르겠습니다만, 혜성 표면의 사진은 찍어서 보내왔습니다.

원— 그런 사진을 우리가 볼 수 있는 세상에 산다는 것만 해도 대단하다는 생각이 듭니다.

K— 혜성에 착륙하는 것은 사실은 처음인데, 사실은 사람들이 잘 모르는 탐사선이 소행성에는 착륙을 한 적이 있어요. 일본 국적의 하야부사라는 탐사선인데 우리나라 사람들은 잘 몰라요.

원— 뉴스에 안 나오더라고요.

K— 안 나와요. 아마도 일본 거라서 그러겠지요.

원— 우리도 열심히 하기 위해서라도 그런 거를 알아야 하는데요.

K— 일본 하야부사탐사선은 2003년에 발사를 해서 2007년인가 소행성에 착륙을 해서 다시 돌아오는 게 목적이었는데, 통신 두절에다 엔진 고장이 났다가, 이를 다시 복구해서 예정보다 3년 늦은 2010년에 돌아왔어요.

원— 아주 드라마틱한 이야기네요.

하야부사탐사선 하야부사はやぶさ탐사선은 일본이 2003년 5월에 발사하여 소행성의 표본을 채취 후 지구로 귀환하는 것을 목표로 발사했다. 무게는 약 510킬로그램이고, '하야부사'는 매隼를 의미한다. 무사히 소행성에 착륙해 샘플을 채취하고 2010년 6월에 60억 킬로미터를 비행한 후 귀환했다.

K— 기적 같은 이야기인데 우리나라 뉴스에는 거의 나오지 않았어요. 그렇게 먼 거리를 갔다가 돌아온 건 어마어마한 일이죠. 사람이 만든 탐사선이 다른 천체에 착륙을 했다가 다시 돌아온 건 아폴로 이후로는 거의 40년 만에 처음 있는 일이거든요. 돌아온 날이 2010년 6월 13일인데, 그때가 월드컵 하던 때라 사람들은 아무도 관심을 가지지 않았던 거죠.

원— 그렇군요. 로제타 호가 많은 사실을 발견해서 연구할 거리도 제공하고, 비밀도 밝히고 했으면 좋겠습니다. 그리고 일반 상업 우주여행도 시작된다고 하죠. 비용이 25만 달러 정도 든다고 합니다. 그리고 마스 원Mars One이라는 화성 이주 프로젝트도 추진 중이라 하고요.

K— 지원자가 벌써 20만 명이 넘었대요.

원— 어쨌든 20만 명 중에 1,058명을 선정하는데, 그중에 다시 최종합격자를 24명 뽑는다고 하죠. 최종 선발이 2025년이라 합니다. 2025년에 4명을 이주시키고, 2년에 4명씩 순차적으로 화성에 보낸다고 해요. 그리고 여기 간 사람들은 두 번 다시 집으로 돌아오지 않는다고 하죠. 이것은 거의 믿을 수 없는 이야기에 가깝죠. 그다음으로 미국 나사가 새로운 태양계 탐사를 위해서 차세대 우주선을 지금 테스트하고 있습니다.

중력파라는 눈이 하나 더 있으면

원— 그리고 플랑크 우주망원경이 새로운 것들을 많이 발견하지 않을까 그런 기대를 하고 있는 것 같은데, 어떤 것들을 기대하고 있습니까?

K— 플랑크 우주망원경은 우주배경복사를 관측하는 게 주목적

플랑크 우주망원경 플랑크 우주망원경Planck Space Telescope은 유럽우주국이 2009년 5월 쏘아올린 2개의 우주망원경 중 하나로, 우주배경복사를 관측하는 임무를 수행한다.

우주배경복사 우주배경복사Cosmic Microwave Background는 빅뱅 때 뜨거운 고밀도 상태에서 뿜어져 나온 빛이 오늘날에 관측되는 것으로, 우주 전체를 균일하게 채우고 있는 마이크로파 열복사이다. 이는 1964년에 미국의 전파천문학자 아노 펜지어스Arno Penzias와 로버트 윌슨Robert Wilson이 발견했고, 이들은 이 공로로 1978년 노벨 물리학상을 수상했다.

인 망원경이고, 그 전에는 코비COBE라는 망원경이 있었고, 다른 망원경들도 있었어요. 그 결과 우주의 나이가 137억 년이 아닌 138억 년이 더 정확하다고 하는데, 아직 완벽하게 공인된 것 같진 않아요.

철— 1억 년밖에 차이가 안 나기 때문에 그다지 신경을 안 쓰는 거죠.

K— 천문학자가 아닌 사람들은 이런 걸 따집니다. 특히 초등학생들은 심하게 따집니다. 반드시 물어보는데, 그러면 저는 138억 년이 아마도 맞는 것 같다고 대답을 합니다. 아마 거기에 더 자료가 쌓여서 발표가 되면 138억년으로 수정이 되지 않을까 생각하고 있습니다. 몇 가지 더 조금 기대하고 있는 게, 중력파의 흔적을 발견할 수 있을 것인가 하는 것이죠.

원— 중력파의 흔적을 어떻게 찾을 수 있을까요?

K— 우주배경복사에 흔적이 남는데요.

철— 빛은 전자기파고, 그 파동에는 방향이 있을 것 아니에요? 보통은 빛의 파동 방향이 무작위적인데, 특정한 방향으로만 파동이 움직이는 경우도 있어요. 그런 빛을 편광이라고 합니다. 초기 우주에서 발생한 중력파는 우주배경복사에 그런 편광으로 흔적을 남겨놓았다고 합니다. 그래서 우주배경복사에 편광이 담겨 있는지 살피는 일을 한다는 이야기를 들었습니다.

원— 그러면 이 우주망원경이 중력파도 찾는 것이고요. 그리고 중력파 검출기가 따로 있지 않습니까? 전파망원경을 크게 만들어놓고 또 레이저를 이용해 중력파를 검출하려고 시도하고 있는 거잖아요?

K— 이건 우주 초기의 중력파를 찾는 겁니다. 그리고 그 중력파 검출기는 지금 현재 우주에서 나오고 있는 중력파를 검출하려고 하는 거라서 서로 성질이 다른 겁니다.

원— 중력파를 발견하는 것이 왜 중요한지를 설명해주시죠.

K— 중력파가 일반상대성이론을 가장 확실하게 증명할 수 있죠. 그리고 중력파를 쉽게 관측을 할 수 있다면 우주를 볼 수 있는 눈이 하나 더 생기는 겁니다. 지금까지는 거의 전자기파와 빛으로만 보고 있는데, 만일 중력파를 볼 수 있다면 훨씬 더 깊이 있게 우주를 보게 되니까 굉장히 중요한 겁니다.

중력파 검출기 일반상대성이론에 의거한 중력에 관한 이론에 따르면 중력장의 변동은 광속으로 전파되는데, 에너지가 그에 따라 전달되는 것을 중력파라고 한다. 중력파는 질량을 지닌 물질의 운동 상태가 격렬하게 변화할 때 발생하지만, 대개의 경우는 아주 미미하기 때문에 느낄 수 없다. 강력한 중력파가 발생하는 것은 주로 2개의 블랙홀이나 중성자별이 서로 병합할 때이다. 이 중력파를 지상에서 관측하기 위한 검출기를 개발하고 있으며, 미국과 이탈리아 등지에서 검출기를 설치하여 실험하고 있다. 2016년 2월 11일(한국시간 2월 12일 0시 30분)에 라이고LIGO에서 중력파 최초 발견에 대한 공식 기자회견을 열었다. 최초의 중력파는 2015년 9월 14일 검출에 성공했으며, 이 중력파 신호의 공식 명칭은 GW150914이다.

원— 그렇군요. 우리가 보고 있는 모든 것들은 빛을 포함해 모두 전자기파인데, 중력파라는 새로운 방법으로 우주의 새로운 면을 볼 수 있다는 이야기군요.

최— 그런데 배경복사가 뭐예요?

K— 우주가 빅뱅으로 만들어지고 난 초반에는 온도와 밀도가 너무 높은 상태에 있어서 빛이 물질에 갇혀 있다가, 우주가 팽창함에 따라 온도와 밀도가 충분히 낮아지면서 양성자와 전자가 결합하는 순간에 빛이 자유롭게 빠져나옵니다. 이때 전체 우주에 거의 균일한 빛이 퍼졌거든요. 그 빛이 지금도 남아 있는 것을 우주배경복사라고 하죠. 그냥 우주 전체에 균일하게 퍼져 있는 빛이라고 생각하면 됩니다.

원— 지금은 세월이 많이 지나서 굉장히 차가워졌지만 어쨌든 있다는 것이죠.

K— 우주 전체에 거의 균일하게, 광자들의 에너지 분포가 동일한 빛이 퍼져 있다고 해서, 즉 '백그라운드background'에 복사가 있다고 해서 '우주배경복사'라 하죠.

원— 참 신기합니다. 그래서 이것을 발견할 때도 배경 잡음처럼 발견됐다고 그러죠? 2.7K면 절대온도 2.7도란 거니까 얼마나 되는 거죠?

K— 그렇죠. 텔레비전 수상기에서 보이는 찌지직거리는 화면이나 소음처럼…. 영하 270도 정도죠.

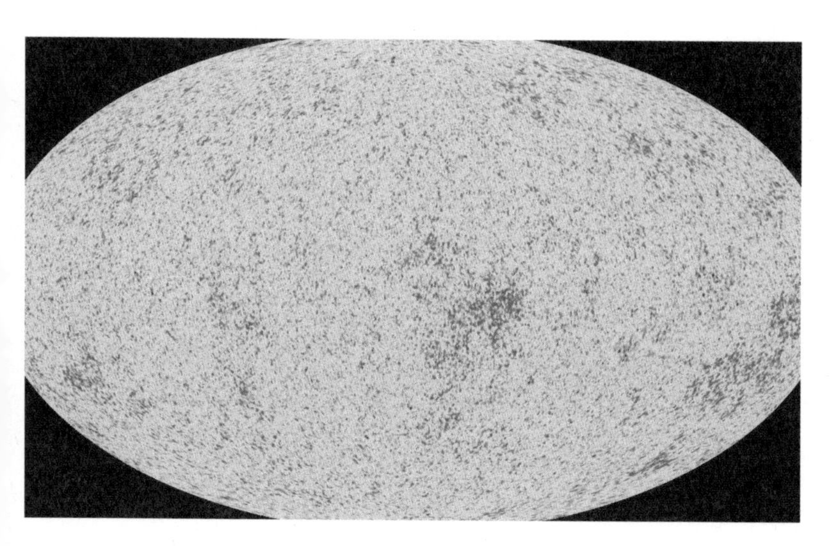

• 우주배경복사의 온도 요동. 온도가 높은 곳은 붉은색, 낮은 곳은 푸른색이다 •

원— 정말 약한 에너지인데 이런 걸 찾아서 이걸 가지고 우주 지도를 만든다는 걸 들은 기억이 있는데요.

K— 지도는 벌써 만들었고요. 지금은 그것을 해상도를 더 높여서 더 정밀하게 만들고 있는 거죠.

원— 우리가 관측하고 있는 우주 전체의 지도를 대략적이라도 만들어낼 수 있다면 언젠가는 이 지도를 쓸 일이 있겠죠?

K— 지도라고 해서 별이나 은하가 어떻게 분포하는지를 보여주는 지도는 아닙니다. 사실 우주는 별이나 은하가 있어봤자 없는 거나 마찬가지입니다. 그런 것은 무시하고 우주배경복사에서 발견되는 온도 요동의 분포를 그려본 거죠.

원— 에너지 지도에 가까운 건가요?

K— 네.

철— 그런데 미세 요동에 따른 온도 차이는 약 10만 분의 1 수준에 불과합니다. 그런 작은 온도 차이가 오늘날 우리가 보는 은하라든가 별을 만들게 한 거죠.

K— 온도가 완벽하게 균일하다면 은하나 별들이 만들어질 수 없었던 거였고, 거기에 약간의 온도 차이가 있어서 밀도가 상대적으로 높은 곳에 물질들이 모여서 은하들을 만들었죠. 그렇기 때문에 그 온도 차이들에 관심을 갖는 것입니다.

원— 지금 준비하고 있는 과학적 발견이나 계획도 많겠지만, 천문학에서는 현재 이런 것에 관심을 기울이고 준비하고 있다는 거겠죠. 무슨 다른 일이 있을까요?

쌍둥이 지구를 찾아라

K— 이제 지구와 환경이 비슷하거나 거의 똑같은 쌍둥이 지구가 아마 발견될 수 있지 않을까 해요. 후보들이 많았는데 이제 발표할 때가 되었죠.

원— 또 화성생명체의 발견도 사실 굉장히 기대하고 있죠? 쌍둥이 지구 발표가 나오면 그만큼 생명체가 있을 가능성도 있지 않느냐 확연하게 이야기할 수는 없지만, 점점 어딘가에 가까워지는 것 같긴 합니다. 그런데 중요한 것은 무언가 확실한 실체가 나오는 거잖아요?

K— 화성생명체도 그렇고, 외계 행성 찾는 것도 그렇고, 세티 프로그램도 그렇고, 다들 가능성들은 조금씩 가까워지고 있는데 아직은 결정적으로 문턱을 넘은 게 아무것도 없는 거죠.

최— 그런데 쌍둥이 지구가 발견이 되고 나서, 그 행성에서 나오는 빛을 스펙트럼으로 분석해서 플루토늄 같은 것이 있다는 걸 알고, 계속 그쪽으로 전파를 쏴도 대답도 없으면 답답할 것 같기도 해요.

K— 일단 전파를 쏘면 가는 데도 수백 년은 걸릴 거고요. 그걸 그쪽에서 받았다 하더라도, 대답을 다시 전파로 보내면 그거 받는 데도 수백 년은 걸리겠죠.

원— 그러게요. 그런데 이게 문제는 1,000광년이 떨어진 곳에 있다면 이를 어쩌죠. 또 만일 GMT보다 더 좋은 것을 만들어서 이런 행성을 들여다본다면 혹시 무언가 보일지 모르잖아요. 앞으로 100년쯤 뒤가 되면 GMT보다 10배 정도 성능이 좋은 것을 만들어서 그것을 보는데 이 행성에서 도시의 불빛 같은 게

세티 세티SETI, 즉 '외계 지적 생명체 탐사Search for Extra-Terrestrial Intelligence'는 지구 밖의 지적 생명체를 찾기 위한 활동을 이르는 말이다. 외계 행성들로부터 오는 전파를 찾거나, 지상에서 만든 전파를 보내서 외계 생명체를 찾는다. 최초에는 미국 정부의 후원을 받는 국가 지원 프로젝트로 시작했으나 별다른 성과가 없어 지원이 중단되었다. 현재는 개인 및 수많은 과학자와 기업, 대학의 지원으로 수행되고 있으며, 다양한 나라에서 연합 및 개별적인 세티 프로젝트가 진행되고 있다. 세티는 천문학자 칼 세이건 원작의 영화 〈콘택트Contact〉를 통해 널리 알려졌다. 세티의 전신인 오즈마 계획Project Ozma은 1960년대부터 시작되었지만, 50년 가까이 아무런 외계 지성의 흔적을 찾지는 못하고 있다. 외계로부터의 신호는 전파망원경으로 수신한다. 전파망원경이 수신한 전파 신호 속에는 별의 탄생이나 온갖 자연의 전파가 포함되어 있다.

보이는 거예요. 그런데 연락할 방법이 없으니까, 발견했을 때 전파를 쏘면 그로부터 1,000년 후에 도착하는 거잖아요.

K— 우리보다 1,000년이나 먼저 불빛이 보이는 도시를 만들었으니까 그네들은 더 빨리 연락할 방법이 있을지 모르죠.

원— 그렇죠. 이런 걸 놓치면 안 되는데…. 그 행성의 생명체는 지금쯤 오고 있을 수도 있겠네요. 모든 전파망원경을 전부 그 방향으로 돌려가지고 전파 신호라도 하나 받으려고 하겠군요. 이 넓은 우주에 우리 혼자만이 아니라는 게 얼마나 감격적입니까?

K— 요즘 사람들은 그런 거 좋아하는 것 같아요. 드라마 같은 감흥도 있고.

원— 영화나 드라마 같은 것에서 과학적인 오류가 조금이라도 있으면 과학자들이 싫어할 것 같지만, 꼭 그렇지도 않은 것 같아요.

K— 영화나 드라마는 재미만 있으면 돼요. 재미가 없으면 싫어하죠. 영화나 드라마가 천문학을 소재로 했다는데 재미없으면 오히려 화가 나죠. 재미있으면 굉장히 좋고. 그 재미에는 내적

GMT GMT는 거대 마젤란 망원경Giant Magellan Telescope의 약자로, 허블 우주망원경보다 해상도가 10배나 높은 대형 광학망원경을 말한다. 2018년 칠레의 라스캄파나스Las Campanas에 설치될 예정이다. 130억 광년 밖에 있는 우주를 관측할 수 있어 우주의 원시 흔적이나 우주 진화의 역사 연구에 도움이 될 것이라 예상한다.

논리가 중요한 것 같아요. SF는 어차피 어느 하나의 세계를 만드는 거니까 그 세계 안에서의 내적 논리는 맞아야 하죠.

초신성이 인을 만든다

원— 그러면 오늘의 진짜 주제로 들어가겠습니다. 앞서 이야기했듯이 우리나라 연구진이 천문학에 있어서 중요한 발견을 했고, 그래서 그 발견에 관한 이야기를 하면서 또한 초신성에 대해서 전반적으로 이야기해보겠습니다.

K— 윤성철 교수가 초신성에 관한 논문도 쓴 전문가이기 때문에 저는 조용히 있겠습니다.

원— 초신성 이야기를 하기 전에 먼저 윤성철 박사가 참여한 연구 이야기부터 들어보죠. 무엇을 어떻게 했기에 《사이언스》 같은 유명한 과학 학술지에 논문이 실린 것입니까?

철— 작년 봄에 구본철 교수님이 갑자기 저에게 와서 초신성 잔해에 있는 인燐이 만들어내는 방출선을 발견했다고 하더라고요. 방출선이라는 건 원자가 내뿜는 빛으로, 특정 파장대에서 나오는 겁니다. 보통 초신성 잔해에서 많이 관찰되는 원소들로는 철, 산소, 황, 이런 것들이 있는데, 구 교수님이 인의 함량비를 조사해보니까 인이 철보다 더 많이 존재하는 영역들이 있더라고 하는 겁니다.

처음에는 그 이야기를 믿지 않았죠. 왜냐하면 인이라는 것이 사람들 사이에서 많이 거론되는 원소도 아니고, 천문학에서는 그다지 신경을 쓰는 원소가 아니거든요. 저도 별의 진화라든가, 초신성 모델 같은 것을 만들기는 하지만, 인에는 별로 관심이 없었거든요. 왜냐하면 인이 워낙 함량비가 낮은 원소이기 때문에 별의 진화나 초신성 폭발 양상에는 아무런 영향을 미치지 않거든요. 인이라는 것이 존재하고, 핵의 합성 과정에서 어떤 특정한 역할을 한다는 것 정도만 알고 있었지요. 그것이 많이 생성된다거나 하는 것에는 별로 신경을 쓰지 않았어요.

그런데 구본철 교수님이 초신성 잔해에서 심지어 철보다 많은 양의 인이 존재하는 영역이 발견됐다는 말을 한 거예요. 그때부터 구 교수님하고 저하고 관련된 정보를 찾아보기 시작한 거죠. 그것에 대해 어떤 연구들이 진행되어왔으며, 이론적으

초신성 잔해 초신성 잔해Supernova Remnant는 별의 거대한 폭발인 초신성이 남겨놓은 천체이다. 빠르게 팽창하는 초신성의 분출물이 그 주변에 있던 성간물질과 충돌하면서 만들어내는 충격파에 둘러싸여 있다.

• 카시오페이아 A 초신성의 잔해 •

로는 또 어떤 예측들이 있었고, 그런 것들을 찾다 보니까 구 교수가 관측한 것과 인의 함량비에 관한 이론적 예측이 잘 일치를 하는 거예요. 이번에 관측된 '카시오페이아 A'라는 초신성 잔해는 300년쯤 전에 폭발한, 우리은하에서 관측되는 초신성 잔해 가운데서 가장 젊은 것 중 하나입니다.

원— 이것을 인류가 300년 전에 봤다는 이야기인가요?

철— 그렇죠. 카시오페이아 A가 폭발한 순간을 관찰했다는 보

hydrogen	carbon	nitrogen	oxygen	phosphorus	sulfur
1	6	7	8	15	16
H	**C**	**N**	**O**	**P**	**S**
1.0079	12.011	14.007	15.999	30.974	32.065

• 생명에 필수적인 원소들 •

고는 거의 없지만 300년 전에 유럽에서 이 사실을 언급한 기록이 하나 남아 있습니다. 인이라는 물질이 초신성을 통해 만들어질 것이라고는 이미 오래전부터 사람들이 이론적으로 예측한 바 있지만, 관측으로 그것을 확인한 것은 이번이 처음입니다. 생명을 구성하는 원소 중에 특별히 중요한 것으로는 수소, 탄소, 질소, 산소, 인, 황 이렇게 여섯 가지가 있습니다. 이 여섯 가지 원소는 지구상에서 발견되는 모든 종류의 생명체에서 공통적으로 발견되는 원소들입니다.

가장 기본적인 수소는 빅뱅을 통해서 만들어졌고, 우리가 관측하는 대부분의 탄소와 질소는 점근거성이라는 별에서 만들어

카시오페이아 별자리 가운데 카시오페이아Cassiopeia는 북두칠성과 함께 우리들에게 가장 잘 알려진 별자리로, 북반부의 밤하늘에 W자를 그리고 있는 것을 육안으로 볼 수 있다. 에티오피아의 왕비 카시오페이아가 의자에 앉아 있는 모습에서 이름을 따온 별자리이다. 카시오페이아 A는 이 별자리 쪽에서 발견된 초신성 잔해이다.

집니다. 태양처럼 가벼운 별들은 일생을 다 마치고 죽어가면서 그 중심핵의 밀도는 매우 높아지고, 표피는 태양의 크기보다 수백 배 이상으로 확장됩니다. 이 단계에 도달한 별을 점근거성이라고 합니다. 점근거성 단계에서 수소로 구성된 표피층이 강한 항성풍을 통해 우주공간으로 퍼져나가고 밀도가 높은 중심핵은 백색왜성이 되는 것이죠. 백색왜성은 물방울 크기 정도의 물질이 피아노 하나의 무게에 해당할 정도로 밀도가 높습니다.

점근거성 단계에서는 중심의 밀도가 높기 때문에 그 중심핵의 표면에서는 헬륨 핵반응이 매우 격렬하게 일어납니다. 그러면서 많은 에너지가 만들어지다 보니 중심핵을 둘러싸고 있던

점근거성 점근거성Asymptotic Giant Branch Star은 태양질량의 8배 이하인 별들이 일생을 마치기 직전 단계에 도달한 것으로서, 중심핵에서 헬륨 연소를 마친 상태이다. 탄소와 산소로 구성된 밀도가 높은 중심핵과 헬륨 껍질, 그리고 수소 표피로 구성되어 있다. 표면의 반경은 태양의 수천 배에 이르기도 한다.

백색왜성 백색왜성White Dwarf은 중간 이하의 질량을 지닌 별 내부에서 핵융합 과정이 다 끝난 후에 마지막으로 남겨진 별의 중심핵이다. 질량이 태양의 5, 6배 이하인 별들은 상대적으로 가벼운 질량 때문에 중심부의 온도는 탄소 핵융합을 일으킬 만큼 높아지지 않는다. 대신에 헬륨 연소 과정 동안 적색거성이 된 다음, 헬륨 연소가 끝난 후 점근거성 단계에서 외부 대기는 우주공간으로 방출되어 성운을 형성하고, 대부분 탄소와 산소로 이루어진 핵만이 남아 백색왜성이라고 불리는 천체가 된다.

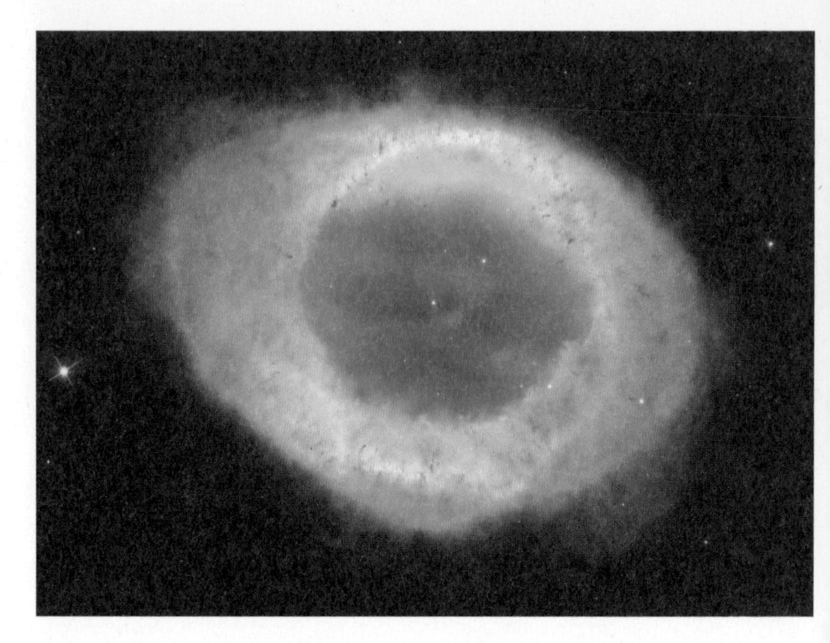

• 허블 우주망원경으로 관찰한 반지성운. 행성상 성운의 하나이다 •

별의 표피층은 급격하게 팽창을 하면서 우주공간으로 분출되기 시작합니다. 이 과정에서 많은 양의 탄소와 질소가 생성되고 우주공간으로 퍼져나가게 됩니다. 점근거성이 표피층을 주변 공간에 잃어버린 단계에서 관찰되는 천체들을 흔히 행성상 성운이라고 해요. 행성상 성운의 이미지를 인터넷에서 찾아보면 가운데에 백색왜성이 하얀 색 점으로 보이고 그 주변에 점근거성 표피층에 있던 물질이 여러 가지 형태로 아름답게 퍼져 있는 모습을 볼 수 있습니다. 그곳에서 많은 탄소와 질소를 관측할 수 있습니다.

산소의 경우는 초신성 잔해에서 많이 발견됩니다. 철이나 황도 마찬가지로 초신성 잔해에서 많은 양이 관측되죠. 탄소, 질소, 산소, 철, 황은 이렇게 만들어진 현장에서 관측되었기에 그 기원을 명확하게 알 수 있었지만, 인의 경우는 아직 한 번도 그것이 생성된 현장에서 관측된 적이 없었던 거죠. 이번이 최초의 사례입니다.

원— 그렇군요. 이 발견에는 기념비적인 면이 있군요. 이 '과학하고 앉아있네' 자리에 이렇게 기념비적인 발견을 이룩한 분이 오셔서 영광입니다. 그런데 궁금한 게 하나 있는데 그렇다면 지금까지는 다른 초신성 잔해에서 인이 안 나왔다가, 왜 이번에 이렇게 많이 보인 것일까요?

철— 관측을 하기가 어려웠던 거라고 봐야겠죠. 우리가 믿기로는 다른 초신성 잔해에도 많은 인들이 있을 터인데, 그것을 관측하려면 특별한 조건이 필요합니다. 아까 이야기했던 방출선

행성상 성운 행성상 성운Planetary Nebula은 빛을 내는 성운의 일종으로 늙은 적색거성이나 점근거성의 외피가 주변으로 방출되어 형성된 전리 기체들로 이루어진 것이다. '행성상'이라는 말은 기체들이 모여 있는 구름이 마치 행성처럼 원반 모양의 형태를 하고 있다는 뜻에서 붙여진 이름이다. 이 성운의 수명은 수만 년 정도로, 별의 수명 수십억 년에 비하면 상대적으로 짧게 지속되는 현상이다.

이라는 것이 형성될 수 있는 조건을 말하는 것입니다. 인 원자 안에 있는 전자들이 좀 흥분이 되어야만 비교적 강한 방출선이 나오는데, 이를 위해서는 특별한 온도가 필요합니다. 초신성 잔해에서 그런 특별한 온도에 도달하는 시점이 있어요. 그런데 카시오페이아 A가 때마침 그 적절한 온도에 도달했던 거죠.

원— 그러니까 그 타이밍에 맞지 않으면 아무리 열심히 봐도 그런 발견을 할 수 없다는 건가요?

철— 그렇다고 봐야죠. 지나치게 많이 늙었다거나, 지나치게 젊다거나 하면 관측하기 어려울 수 있습니다.

최— 사실 운이 되게 좋았다는 이야기인가요?

철— 그렇죠. 운도 좋았다고도 할 수 있죠.

K— 그 적절한 타이밍이란 게 올해 아니면 내년이면 안 된다는 그런 게 아닙니다. 수십 년 또는 수백 년 같은 긴 시간을 말하는 겁니다.

원— 지금까지 다른 분들도 이 초신성을 봤을 텐데 그 사람들은 인을 못 찾은 거잖아요.

철— 사실은 구본철 교수님이 그것을 관측하기 전에도 같은 곳에서 인 방출선을 관측한 그룹이 있었어요. 미국 다트머스대학에 있는 연구팀이었는데 단순히 인 방출선을 관찰했다는 보고만 했지 인의 함량비가 얼마나 높은지를 분석하지 않았습니다. 구본철 교수님이 대단한 것이, 이것을 놓치지 않고 집중해서 파고들어 분석하고 연구해서 초신성 잔해에서는 인의 함량비가 다른 곳보다 훨씬 높다는 것을 발견한 것이죠. 그러니까 그 통찰력과 끈기와 집중력을 인정해야 합니다.

원— 운이 따른다고 사람들이 성공하는 것이 아니듯이, 그런 것들이 다 맞아 떨어져야 결과를 끌어낼 수 있다는 이야기죠. 이거 혹시 노벨상을 줘야 하는 그런 업적 아닌가요?

K— 노벨상을 줄 수 있는 업적들이 많이 있어서, 그 업적들을 다 밖으로 밀어내야지요.

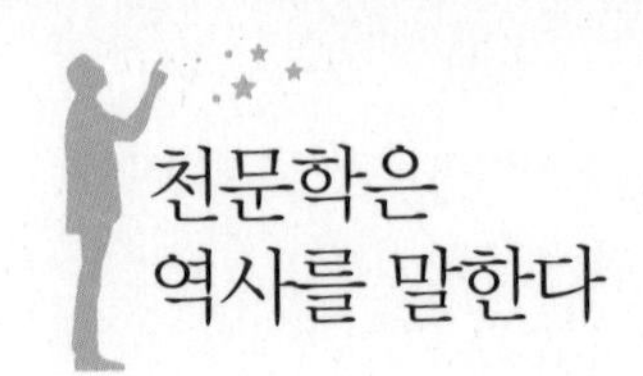

천문학은 역사를 말한다

원— 어쨌든 관측자들도 많았고, 인을 누군가가 발견하기도 했는데, 거기까지는 미치지 못했나 보군요. 그 통찰력과 끈기, 그리고 노력과 집중력으로 의미를 파헤친 것이죠. 또한 사람을 구성하는 요소로 인이 중요하지 않습니까? 물론 과학적으로 인이라는 원소의 역할도 중요하겠지만, 우리 몸에서 뼈가 만들어지는 데 필요한 것이고, DNA의 중요 성분의 하나가 인입니다. 물론 다른 성분들도 중요하겠지만, 이렇게 중요한 역할을 하는 성분 중의 하나가 어디서 왔는지는 모르고 있다가 발견했다는 사실은 철학적인 의미도 있지 않을까 하는 생각이 듭니다. 그래서 노벨상은 꼭 받아야 하는 것이 아닌가 하는 생각이 드네요.

철— 인터넷에 여기에 관한 기사들에 달려 있는 댓글들을 봤어요. 흥미롭게도, 인의 발견과 생명의 기원 사이에 도대체 무슨 상관관계가 있느냐고 질문하는 사람들이 많더군요. 천문학이 흥미로운 이유는 단순히 자연의 질서나 법칙만 다루는 학문이 아니라, 역사를 다루는 학문이라는 점입니다. 천문학은 궁극적으로 인간의 기원을 밝히고자 애쓰는 학문 중 하나입니다.

예를 들자면 갑돌이와 갑순이가 만나서 순돌이라는 아이를 낳았다고 합시다. 그런데 순돌이가 자신의 출생의 비밀을 밝히기 위해서는 추적을 해봐야 하죠. 자신의 탄생과 관련해서 과거에 도대체 어떤 일이 있었는지를 살피기 위해 거슬러 올라가면, 가장 직접적인 원인은 당연히 갑돌이와 갑순이가 동침을 한 것일 터인데, 그것만이 필요조건은 아닙니다. 사실 동침을 했다고 해서 반드시 순돌이가 나와야 하는 것은 아니에요. 보통 몇 억 개의 정자 중에 하나만 수정에 성공하니까 누군가가 태어난다는 것은 그 자체로도 굉장한 우연입니다. 더 나아가서 갑돌이와 갑순이가 결혼을 하기 이전에는 도대체 어떻게 만났는지도 따져봐야 하고, 또 그렇다면 갑돌이가 어떻게 세상에 나왔느냐 하는 것도 따져봐야 하겠죠? 그렇게 되면 갑돌이 부모와 갑순이 부모도 나와야 합니다. 그러니까 초신성에서 인이 만들어졌다는 사실 자체가 필연적으로 생명의 탄생을 이끌어낼 수 있는 것은 아니지만, 그렇다 하더라도 갑돌이와 갑순이가 어느 날 시청 앞에서 만났다고 하는 것처럼 중요한 필요조건은 만들었다는 거죠.

원— 그래서 퍼즐의 한 조각을 찾아냈네요.

철— 그렇게 이야기할 수 있죠. 퍼즐의 한 조각을 찾아낸 거죠.

원— 대단한 발견이라고 할 수 있고, 또 아까 댓글 이야기를 했는데, 무서운 괴담에 보면 공동묘지에서 도깨비불이 나타나는 것이 모두 다 뼛속의 인 성분이 공중에 나와서 빛이 나는 것이거든요. 우리 몸에는 그렇게 인이 많습니다.

철— 그리고 최근 들어 알게 된 사실이지만, 인이 식물 거름에 많이 들어가는 중요한 성분인데 지구에서 거름으로 쓸 인이 점점 고갈되어가고 있답니다. 앞으로는 인 부족 사태가 심각할 것이고, 따라서 식량 생산량이 급격하게 줄어들어 식량 위기가 올 수도 있다는 이야기도 있더라고요.

원— 생각하지도 못한 이런 숨은 사실이 있는데, 그러면 우리가 여기 초신성에서 인을 끌어오면 되겠네요? 또 인이라는 게 왜 성냥에 들어가는 성분이잖아요. 어릴 적에 제가 기억하기로는 인에는 적린하고 백린이 있고, 또 딱성냥이라는 게 있었죠. 딱성냥은 아무 데나 단단한 곳에 그으면 불이 붙어요. 그리고 어떤 때는 자연발화를 하기도 해서 굉장히 위험하거든요. 옛날에는 사람들이 처음에는 백린으로 만든 성냥을 썼는데, 이게 바지 주머니에서 자연발화를 하고 해서 위험했다고 합니다. 그래서 자연발화가 안 되게 하려고 적린을 마찰면에 묻혀서 성냥개비의 황과 마찰을 일으켜 불이 나게 만든 것이 안전성냥입니다.

철— 또 화학의 역사에서 인이 원소 중에서는 열세 번째로 발견됐어요.

원— 굉장히 빨리 발견된 원소인가요?

철— 그렇죠. 빨리 발견된 것 중 하나이고, 그 13이라는 숫자가 서양 사람들이 싫어하는 숫자죠.

원— 그렇군요.

철— 더군다나 이 물질이 폭약이나 독약으로 쓰였기 때문에 악마의 원소라고도 했답니다.

원— 악마의 원소라! 초신성 사진을 보면 무섭게 생긴 것들도 있더라고요. 요즘 별 사진들을 많이 보니까 희한하게 생긴 별이나 천체들도 많더라고요. 〈반지의 제왕〉의 사우론 눈과 같이 생긴 그런 은하도 있던데요. 아무튼 그렇게 관측해서 인을 발견했고, 인이 우리에게 그렇게 중요하다는 사실을 기억하고 지나가야 하겠습니다. 논문에는 다른 사람들 이름도 있습니다. 여기 이용현 연구원이라고 있네요.

철— 이용현 연구원은 현재 구본철 교수님 밑에서 연구하고 있는 박사과정 학생이고, 캐나다 토론토대학교에 문대식 교수가 개발한 분광기를 가지고 관측을 수행했습니다.

원— 이 논문에 있는 '팔로마 산 천문대'는 저에게는 꿈이 서려 있는 곳입니다. 제가 어릴 때 보던 어린이 과학책이나 교양 과학책, 또는 잡지를 보면 그 당시에 가장 큰 망원경이 바로 이 팔로마 산 천문대의 구경 5미터 헤일 망원경인가 하는 거였어요. 저는 얼마 전까지도 이게 아직까지 제일 큰 건 줄 알았어요. 어릴 때 배운 것은 늘 그런 줄 알고 있잖아요. 그런데 논문 저자들이 캐나다에 있고, 한국에도 있고 하는데도 이 망원경을 사용했다는 이야기는 또 무엇인가요?

철— 토론토에 있는 문대식 교수가 분광기를 개발했고, 그 분광기를 팔로마 산 망원경에 장착해서 관측을 했다는 이야기죠.

원— 그러면 거기 가서 한 건 아니고, 컴퓨터를 이용해서 인터넷으로 하나요?

철— 그 관측에 관해서 자세한 내막은 모르는데, 문대식 교수가 관측을 한 것으로 알고 있습니다.

원— 그렇군요. 한 편의 논문을 완성하는 데에도 철저한 분업이 이루어지나 봅니다. 논문 한 편에 이렇게 많은 사람들 이름이 쓰인 것은 그런 까닭이군요. 보통 사람들은 과학 논문이 이렇다는 거 모릅니다.

팔로마 산 천문대 팔로마 산 천문대Palomar Observatory는 미국 캘리포니아 샌디에이고의 팔로마 산에 있는 천문대로, 캘리포니아 공과대학교에서 운영하고 있다. 자신의 연구 목적 이외에 협력 기관의 연구를 허용한다. 팔로마 산 천문대는 현재 5.08미터의 헤일Hale 망원경, 1.22미터의 사무엘 오쉰Samuel Oschin 망원경과 1.52미터의 반사망원경 등을 보유하고 있다.

• 미국 캘리포니아 주에 있는 팔로마 산 천문대 •

최– 그런데 궁금한 것은 인이 많이 관측되었다고 할 때, 특정한 파장으로 '인이다, 아니다' 하는 것은 이야기할 수 있다 해도, '많다, 적다'는 어떻게 알아냈어요?

철– 방출선의 세기가 얼마나 센가에 따른 것이죠. 그러니까 인이 많으면 더 센 방출선이 나오는 거고, 적으면 희미하게 나오겠죠. 그것을 통해서 알 수가 있는 거죠.

최– 그러면 계산을 통해서 절대량을 알 수는 있나요?

철– 절대량은 알지는 못해요. 다만 철에 비해서 얼마나 더 많이 있다는 식으로 비율만 구한 겁니다.

블랙홀이 되거나 중성자별이 되거나

원— 그러면 초신성과 인의 관계에 대해서는 여기까지만 하고, 초신성이라는 천체에 대해서 이야기를 해보죠. 별의 일생에 대해서 다시 정리를 한번 해볼까요?

K— 간단히 정리를 하자면 태양과 비슷한 질량의 별들은 행성상 성운을 거쳐 백색왜성으로 그 수명을 다하게 됩니다. 그러나 별의 질량이 태양의 10배 이상인 경우에는 초신성 폭발을 해서 블랙홀이 되거나 중성자별이 됩니다. 이렇게 간단하게 정리할 수 있죠.

원— 큰 별이 초신성 폭발을 거쳐서 블랙홀이 되거나, 또는 중성자별이 되는 차이가 생기는 것도 질량 차이 때문인 거죠?

K— 그렇습니다.

원— 그렇다면 초신성이라는 것은 별이 죽어가는 거의 마지막

상황이라고 할 수 있는데, 그럼에도 불구하고 이름이 초신성인 이유는 무엇이죠?

K— 별이 갑자기 예전보다 훨씬 더 밝아지기 때문에, 마치 어떤 별이 새롭게 나타나는 것처럼 보이니까 초신성이라고 불러요.

원— 그런데 초신성에도 여러 가지 종류가 있더라고요. 얼핏 봐서는 구별하기 힘든 것 같은데, 이 초신성들도 한번 좀 정리해서 구분할 방법이 없겠습니까?

철— 초신성 종류는 관측적 특성으로 나눌 수도 있고, 아니면 어떤 방식으로 폭발하느냐로 나눌 수도 있어요. 그냥 알기 쉽게 폭발하는 방식이 다른 두 가지가 있다고 생각하면 됩니다. 그 중 하나는 '1A형' 초신성입니다. 현대 천문학이 막 시작되고 나서 사람들이 가장 많이 관측하기 시작한 초신성이 바로 이것이기 때문에 '1A'라는 이름이 붙었습니다. 1A형 초신성을 가장 먼저, 그리고 또 쉽게 관측할 수 있었던 이유는 가장 밝은 초신성 중 하나이면서 자주 발생하기 때문입니다. 밝다는 건 바로 우리 눈에 잘 보인다는 것이죠.

이 초신성은 백색왜성이 쌍성계에서 동반성으로부터 전달된 물질을 흡수하다가 어느 순간 거대한 핵폭발을 할 때 만들어집니다. 백색왜성의 질량은 태양과 비슷한데 크기는 지구 정도밖에 되지 않아서 밀도가 굉장히 높습니다. 지구하고 달처럼 2개의 별이 중력에 의해 묶여 있어서 서로 돌고 있는 시스템을 쌍

• 나선은하 NGC4536 주변에서 1994년에 발견된 제1A형 초신성 •

성계라고 합니다. 백색왜성이 쌍성계에 있고, 동반성이 태양과 같은 일반적인 별이라고 생각해봅시다. 이 경우 동반성이 진화를 하는 과정에서 표면의 반경이 커지면 표피층의 물질이 중력 때문에 백색왜성으로 끌려가는 순간이 있을 수 있습니다.

원— 기체가 끌려가는 거군요.

철— 그렇죠. 기체가 끌려가는 거예요. 이런 식으로 쌍성계에서 백색왜성이 계속 기체를 빨아들이면서 질량이 점점 증가하다가, 결국 찬드라세카 한계질량에까지 이르게 됩니다. 백색왜성은 태양질량의 1.44배 이상으로 자라나게 되면 압력이 더 이상 중력을 버티지 못하고 붕괴하는데, 이를 찬드라세카 한계질량이라고 합니다. 이 한계질량에 다다르면 폭발을 하게 되는 거죠. 이 폭발은 아주 거대한 핵폭발입니다. 찬드라세카 한계질량에 가까이 도달하면 백색왜성 중심의 밀도가 높아지다 보니까 탄소와 산소의 핵융합 반응이 발생하기 시작합니다. 그곳의 밀도가 워낙 높으니까 이 핵융합 반응이 매우 불안정한 방식으로 일어나서 핵폭발을 하게 되는 거죠.

폭발의 결과로 질량수가 56인 니켈이 많이 만들어집니다. 주기율표 10족 4주기 철족에 속하고, 원자번호 28인 니켈 중에서 질량수가 56인 니켈은 우라늄처럼 안정되지 않은 원소입니다. 반감기가 고작 일주일 정도밖에 되지 않아요. 코발트와 철로 방사능 붕괴를 하면서 밝은 빛을 내는 거죠. 이런 현상이 우리에

찬드라세카 한계질량 백색왜성은 질량이 커지면 더 큰 중력으로 압축을 하기에 크기는 더욱 작아진다. 그러나 압축에도 한계가 있기 때문에 특정한 질량의 한계를 지니고 있다. 이 질량 한계가 태양질량의 1.44배이고, 이 사실을 처음으로 발견한 천문학자 찬드라세카 Chandrasekhar(1910~1995)의 이름을 따서 찬드라세카 한계질량이라 부른다. 찬드라세카는 별의 구조와 진화 연구로 1983년에 노벨 물리학상을 받았다.

• 백색왜성이 찬드라세카 한계질량에 도달하여 폭발하는 장면 •

게 관측될 때 제1A형 초신성이라고 부르는 것입니다.

원— 제가 다시 한 번 간단하게 정리를 하자면 백색왜성이 있고 가까이에 일반 항성이 있었는데, 이것들이 쌍성계 중력권을 만들어 가지고 서로가 서로를 돌고 있었는데, 항성 진화에 따라 일반 항성 표면이 점점 커지다가 그 표면의 가스가 백색왜성의 중력에 빨려 들어가면서 별에 있던 물질이 백색왜성에 계속 공급이 되고, 백색왜성이 점점 무거워지다가 어느 순간에 찬드라세가 한계질량을 넘게 되고, '빵' 하고 폭발한다. 그래서 백색왜성에서 핵융합 반응을 통해서 니켈이 만들어지고 있다가, 그 니켈이 다시 핵분열을 하면서 거기에서 엄청난 빛이 나오는 것이 바로 제1A형 초신성이라는 것이죠.

K— 제1A형 초신성은 혼자였으면 절대 초신성이 안 될 것이었는데, 곁에서 누가 도와줘서 되는 거죠.

원— 그래서 이 초신성이 그렇게 밝고 영롱한 거군요.

철— 제1A형 초신성을 흔히 우주의 등대라고 불러요. 이 초신성은 빛의 밝기가 변하는 패턴이 일정하다는 특성을 지니고 있어요. 초신성의 최대 밝기가 클수록 다시 어두워지는 시간은 더 오래 걸리고, 최대 밝기가 덜 큰 것은 비교적 빠른 속도로 희미해집니다. 밝아졌다가 희미해지는 데 걸리는 시간과 최대 밝기 사이에는 아주 정확한 상관관계가 있어요.

천문학에서 가장 중요한 일의 하나이면서 동시에 가장 어려운 일 중 하나가 어떤 천체까지의 거리를 구하는 일입니다. 거리를 구하지 못하면 그 천체에 대한 올바른 정보를 얻을 수 없기 때문이죠. 멀리서 초신성 하나가 폭발했는데, 그 초신성이 폭발한 데까지의 거리가 얼마인지 알려면 절대적인 밝기를 알아야 하거든요. 우리가 눈으로 보는 밝기와 진짜 밝기를 비교하면 거리를 쉽게 구할 수 있어요. 이 초신성은 밝기가 최대에 도달한 시점부터 어느 정도 희미해지는 시점까지의 시간만 재면,

이 상관관계를 이용해 진짜 밝기를 쉽게 알아낼 수가 있는 겁니다. 그러고 나서 겉보기 밝기와 비교하면 초신성이 발생한 곳까지의 거리를 쉽게 알 수 있는 거죠.

원— 신기하네요.

철— 아직도 저를 포함한 천문학자들이 연구를 하고 있지만, 왜 그런 정확한 상관관계가 있는지는 밝혀내지 못하고 있습니다. 최근 들어 천문학자들이 우주에는 암흑에너지라는 것이 있고 그 때문에 우주가 가속 팽창을 하고 있다고 말하잖아요. 이런 사실들은 모두 이 제1A형 초신성을 통해서 먼 곳의 거리를 측정하고 이를 통해 우주가 얼마나 빠른 속도로 팽창하는지를 알아냈기에 밝혀낼 수 있었던 것입니다. '우주가 가속 팽창을 한다, 암흑에너지가 있다'라는 사실을 깨닫는 데에 1A형 초신성이 핵심적인 역할을 한 것이죠.

원— 일단 초신성을 통해서 우리가 거리를 파악하고, 거리를 알 수 있기 때문에 멀리 떨어져 있는 천체가 점점 더 빨리 멀어지고 있다는 것을 알아낼 수 있는 지표가 되겠군요. 그래서 우주

암흑에너지 1A형 초신성을 통해 우주의 팽창 속도가 점점 빨라지고 있음을 발견했다. 이는 우주의 팽창을 촉진시키는 그 어떤 물리적인 과정이나 실체가 존재함을 암시한다. 과학자들은 중력과는 반대로 작용하여 가속팽창을 일으키는 척력의 물리적 근원을 암흑에너지Dark Energy라고 부르고 있다.

• 초신성의 절대 밝기를 이용해 그 초신성이 발생한 은하까지의 거리를 구할 수 있다 •

의 가속 팽창을 유추해냈다. 아, 대단하네요! 거기서 또 암흑에너지라는 개념이 등장한 것이고요.

철— 1A형 초신성이 중요한 이유가 또 하나 있습니다. 우주에 있는 대부분의 철들은 1A형 초신성이 만들어낸 겁니다. 우리 핏속에 흐르는 철도 사실은 오래전에 1A형 초신성이 폭발할 때 만들어졌을 가능성이 아주 높은 거죠.

원— 아마 이 우주의 이 근처 어딘가에 초신성이 있었을 것이고, 거기서 철 원자가 탄생해서 주변을 돌아다니다가, 우주 먼지 같은 성간물질이 된 다음, 지금은 우리의 핏속을 흐르고 있

성간물질 은하 안의 항성 사이나 항성 바로 근처에 존재하는 물질을 말하는 것으로, 새로운 별 탄생의 요람이다.

다. 정말 근본 없는 것이 없군요. 지구의 핵을 이루고 있는 철도 그렇게 형성이 된 것일 거고요. 우리 눈앞에 널린 수많은 철로 만든 모든 물질들도 다 초신성에서 나왔다는 사실을 새삼스럽게 다시 한 번 생각해보면 정말 놀라운 것 같아요. 초신성이 우주의 등대 역할을 하고, 철을 만들고, 니켈도 만들었다고 했나요?

K– 아니요, 니켈이 붕괴되어 빛이 나온다고 했죠.

원– 그렇군요. 과학자들도 당연히 이런 일에 경이를 느끼니까 과학을 하겠지만, 우리 같은 일반인 입장에서는 잘 모르던 사실을 알게 돼서, 그래서 모든 것이 어떤 연관 관계를 맺고 있는 것을 알게 되어 정말 재미있다는 생각이 들어요. 방금 들은 이야기를 통해 보면 초신성이 폭발해서 그때 우리 몸을 구성하는 인도 만들어지고, 또 핏속을 흐르는 철도 만들어지고, 또한 우리도 우주에서의 거리를 알 수 있어서 우주 가속 팽창이란 개념도 나오고, 또 팽창한다는 사실 때문에 보이지 않는 암흑에너지라는 것이 있다는 생각도 합니다.

이런 식으로 직접적으로 보이지 않는 것들도 찾을 수 있는 바로 이런 게 과학의 힘 아니냐는 생각이 듭니다. 사실 우리 인간이 가지고 있는 오감만으로 생각을 하면 정말 할 수 있는 게 별로 없잖아요. 눈으로 보고, 귀로 듣고, 손으로 만지고, 코로 냄새 맡고, 혀로 맛보고 이게 다인데, 과학과 수학을 통해서 이렇

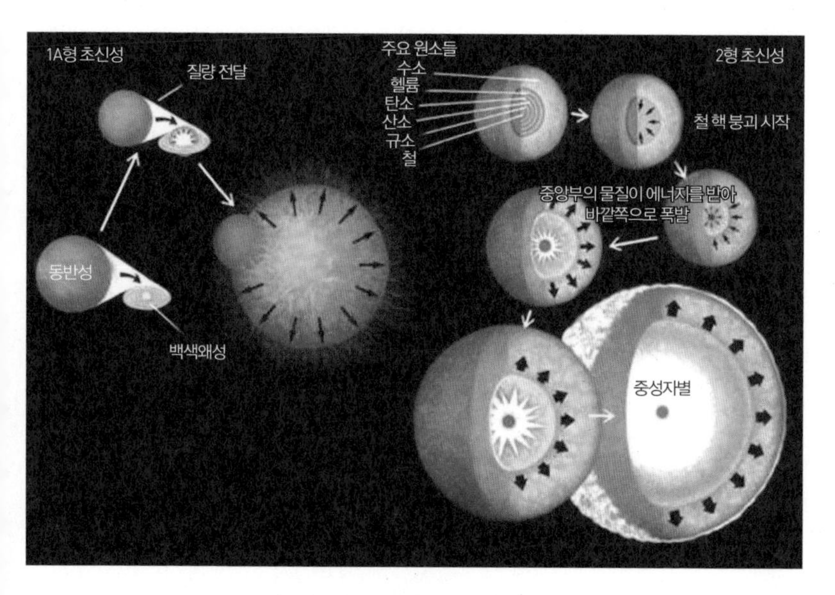

• 제1A형 초신성(왼쪽)과 핵붕괴 초신성(오른쪽) •

게 멀고 높고 깊은 세계까지 들여다볼 수 있다는 게 정말 대단한 재미라는 생각이 듭니다. 이 재미를 모르면, 사는 재미 가운데 중요한 거 하나를 놓치는 거예요. 얼마나 재밌어요. 그래서 '과학하고 앉아있네'는 어려운 과학을 쉽게 찾아가게 만들어줍니다. 그러면 제1A형이 있으니까 당연히 다른 것들도 있겠죠?

철— 그렇죠. 1A형이라는 게 있으니까 이제 '2'라는 형도 있겠죠. 2형 초신성은 대부분 무거운 별들이 죽어가는 과정에서 탄생하는 초신성입니다. 태양질량의 10배 이상 정도 되는 무거운 별들이 일생을 마감할 때에는 별의 중심핵이 모두 철로 바뀌는데 철로 이루어진 핵이 찬드라세카 한계질량에 도달하면 중력 때문에 붕괴합니다. 철로 되어 있는 핵은 중력붕괴 해서 중성자 별이나 블랙홀이 되죠. 이런 과정을 통해 만들어지는 초신성을 영어로는 '핵이 붕괴하는core collapse' 초신성, 곧 '핵붕괴 초신성' 이라고도 합니다.

핵붕괴 초신성은 대부분 2형 초신성으로 관측됩니다. 1형, 2형이라는 것은 분광 관측을 했을 때 수소선이 보이는지 여부에 따라 분류하는 것입니다. 수소선이 보이면 2형이라 하고, 수소선이 보이지 않으면 1형이라고 해요. 백색왜성에는 수소 표피가 없고, 그 폭발을 관측할 때에는 아무런 수소선이 보이지 않기 때문에 1형인 것입니다. 무거운 별들은 수소로 된 표피를 많이 가지고 있거든요. 그러니까 폭발하는 순간을 관측하면 수소선이 보이고 2형으로 관측이 되는 것이지요.

원— 이해가 됐어요. 이해하고 나니까 너무 좋습니다.

K— 처음에는 수소선이 있는 것과 없는 것이 무슨 차이가 있고, 왜 그런지 몰랐어요. 그렇지만 원인을 모를 때인 처음부터 1형과 2형을 나누는 기준은 수소선의 유무였습니다.

원— 다시 한 번 정리해보자면,함께 있는 별이 필요한 백색왜성은 작지만 옆의 별의 질량을 가지고 와야 하고, 자기 힘으로 폭발하지는 못하고 옆의 별의 가스를 받아서 한계질량에 이르러야 하는 거죠. 그런데 백색왜성에는 수소가 다 어디론가 도망갔기에

수소선이 보이지 않는 것이고, 커다란 별은 스스로 철을 합성해서 핵의 중력이 커지면서 스스로 폭발할 수는 있는데, 아직 주변이나 껍데기에 수소 원자들이 남아 있다 보니까 수소선이 보인다는 말인 거죠. 그래서 이걸 기준으로 1형과 2형을 구분한다는 이야기죠.

철— 이번에 인이 발견된 초신성도 수소선이 있는 2형 초신성이었습니다. 이게 2형이라고 확인된 과정이 재미있습니다. 이 카시오페이아 A 초신성이 발생한 곳까지의 거리는 약 1만 1,000광년이에요. 그 초신성이 폭발한 순간 만들어진 빛이 지구에 도달한 것은 약 300년 전입니다. 그런데 초신성의 빛 일부는 300년 전이 아니라 최근에 지구에 도달해서 현대의 망원경으로 관측하기도 했습니다. 지구 쪽으로 향한 빛은 자유롭게 300년 전에 이미 지구에 도달했지만, 다른 쪽으로 방출된 빛 일부는 주변으로 자유롭게 퍼져나가다가 어느 순간 이 빛의 길을 가로막고 있던 성간먼지들에 의해 반사가 되어, 다시 지구 쪽으로 방향을 틀어 날아오다 보니까 300년의 시간차가 생긴 겁니다. 그렇게 도달한 빛의 분광 관측을 통해 거기 수소선이 있다는 사실을 수년 전에 확인을 한 거죠. 이건 정말 너무 놀랍고 재미있는 일이죠.

원— 그것도 박사님이?

철— 아니요. 이건 저하고는 상관없는 다른 사람들이 한 것입니다.

원— 대단하네요. 이 말을 이해했는지 모르겠는데, 이 초신성이 300년 전에 폭발했다고 하는 것인데 지금도 그 잔해가 우리에게 보이고 있는 것이죠. 그런데 300년 전에 초신성이 생겼을 때의 빛이 여기저기 다니다가 지금 지구로 온다는 거죠?

철— 그렇죠. 이게 엄밀하게는 약 1만 1,300년 전에 폭발한 것입니다. 그곳까지의 거리가 1만 1,000광년이고, 지구를 향해 직선거리로 이동한 초신성의 빛이 처음 지구에 도달한 것은 약 300년 전이니까요. 반면 초신성의 빛 일부는 폭발 직후에는 다른 방향을 향하다가 그 중간에 길을 가로막고 있던 성간물질에 반사되어 수년 전에야 도달했고, 현대의 망원경으로 관측할 수 있었던 것입니다.

원— 참 신기했던 일 가운데 하나가 태양 중심에서 시작된 빛이 태양 표면까지 올라오는 데 수만 년이 걸린다는 이야기였어요. 태양 속에서 발생해서 계속 반사되고, 반사되고 해서 그만큼 시간이 걸린다는 건데요. 그렇지만 빛이 태양 표면을 벗어나면 8분 19초 만에 지구로 와서 닿는 것이고, 그 전까지 그 빛도 수만 년을, 마치 어떤 곤충이 7년 동안 땅속 고치 안에서 지내다가 밖으로 나오는 것처럼, 머물다 온다는 사실이 무척 신기했어요. 우주공간에서 반사된 빛을 추적하고 다시 그것을 확인해서, 이렇게까지 연구가 진행됐을 줄은 몰랐어요. 정말 대단하다는 생각이 들어요. 그러면 초신성은 이렇게 1형과 2형 두 가지로만 구분되는 건가요?

철— 크게 나누면 그렇게 두 가지가 있는 셈이죠.

원— 더 자세히 들어가면 어차피 일반인들은 이해를 못 하겠죠?

철— 이것 둘만 이해하는 것도 사실 일반인 수준으로서는 대단한 지식이죠.

원— 그러게요. 쉽게 풀어서 설명해서 대충 개념을 이해했을 겁니다. 요즘의 과학 교육을 보면 아쉽습니다. 정말로 과학에 진지한 관심과 흥미를 가질 수 있는 기회들이 제공되는지 의심스러울 때가 있습니다. 과학이란 것이 딱딱한 교과서에 실어놓고 억지로 외우라고 하거나 강요하면 정말 하기 싫은 분야잖아요. 가끔 위키백과를 가서 보면 솔직히 설명이 재밌지가 않아요. 너무 딱딱한 설명과 도표만 보여서, 무슨 말인지는 알겠지만, 그 느낌이 가슴에 와 닿지 않는 거죠. 설명에서 느낌뿐만이 아니라 과학적 지식에 대한 통찰도 가질 수가 없어요. 한마디로 '뭐 이렇다고 하는군' 정도의 생각만 드는데, 이걸 누가 조금만 더 흥미롭게 말로 풀어놔줘도 '아, 재미있구나, 신기하구나' 하는 느낌이 들 수 있을 거예요. 그런 시도들을 계속해야만 과학도 발전하고, 우리의 인식도 발전하고 할 텐데 말예요.

누군가가 옆 사람에게 뜬금없이 빅뱅에 대해 물어본다거나, 초신성에 대해 물어본다면 정말 이 세상이 재미있을 거 같지 않아요? 소개팅에 가서 빅뱅이나 초신성에 대해서 서로 묻고 그런 식으로 상대의 수준을 가늠하고 하면 재미있을 거 같지 않아요? 아무튼 과학이 좀 더 일상적인 대화에서 다뤄지는 때가 얼른 왔으면 좋겠어요.

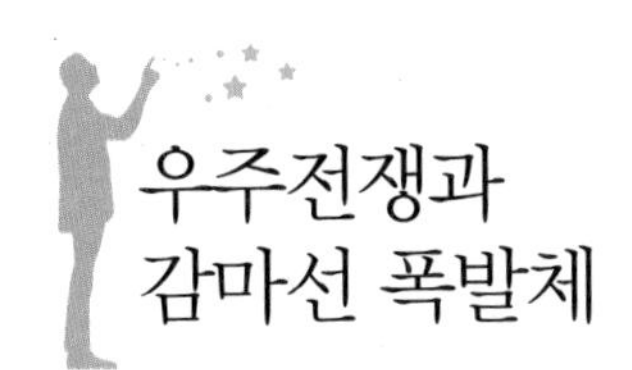

우주전쟁과 감마선 폭발체

원— 그리고 초신성과 관련해 제가 또 찾아본 게 있는데요. 초신성과 관련된 현상이나 또는 관련 천체 이런 게 아닌가 싶은데, '감마선 폭발'이라는 게 있더라고요. 제가 알고 있는 감마선에 대한 지식은 바로 옛날 미국 텔레비전 드라마 〈두 얼굴의 사나이〉 시리즈에 나왔던 '헐크'입니다. 드라마의 주인공은 과다한 감마선에 노출되어 화가 나면 괴물로 변합니다. 여기서는 감마선이 과연 이런 현상을 유발하는 건지를 물어보면 안 되는 거죠?

최— 그렇다면 방사능에 노출된 거미에 물리면 스파이더맨이 되

감마선 감마선Gamma Ray은 강력한 전자기 복사로, 핵폭발과 같은 과정에서 생성된다. 감마선은 전자기 스펙트럼에서 가장 높은 에너지 영역으로, 경질 X선이라 불리기도 한다. 핵무기에서 발생하는 감마선은 수많은 사상자를 유발할 수 있다.

는 건가요?

원— 이건 농담이고요. 감마선 폭발이라는 게 초신성이랑 관련이 있는 것같이 이야기가 나와서 무슨 관련인가 물어보려고 꺼낸 이야기입니다.

철— 감마선 폭발체는 1960년대 말에 처음 발견됐습니다. 그 발견의 경위가 재미있습니다. 그 당시는 냉전시대였기 때문에 지구상에서 핵실험 하는 것을 모니터링하려고 미국 정부가 인공위성을 하나 띄웠어요. 핵실험을 하면 감마선이 나오니까 인공위성에 감마선 탐사장치를 싣고 소련이나 다른 나라들의 핵실험을 모니터링한 것이지요. 이 군사위성이 지상에서 발생한 감마선도 많이 관측을 해냈겠지만, 우연히 하늘에서 오는 감마선도 관측을 한 거예요.

원— 외계인의 침공이라고 생각했을까요?

철— 실제로 그렇게 생각하는 사람들도 있었어요. 도대체 이 감마선의 원인이 무엇이냐 하는 것이 큰 논란거리였습니다. 짧게는 0.001초, 길게는 10초에서 100초로 그 지속 시간이 굉장

헐크 헐크Hulk는 만화가 잭 커비와 작가 스탠 리가 창조한 만화 캐릭터이지만, 1977년부터 1982년까지 CBS에서 〈두 얼굴의 사나이The Incredible Hulk〉라는 제목의 텔레비전 드라마가 방영되면서 인기를 끌었다. 극중 인물인 브루스 배너는 감마선에 노출되어 화가 나면 괴물인 헐크로 변신한다.

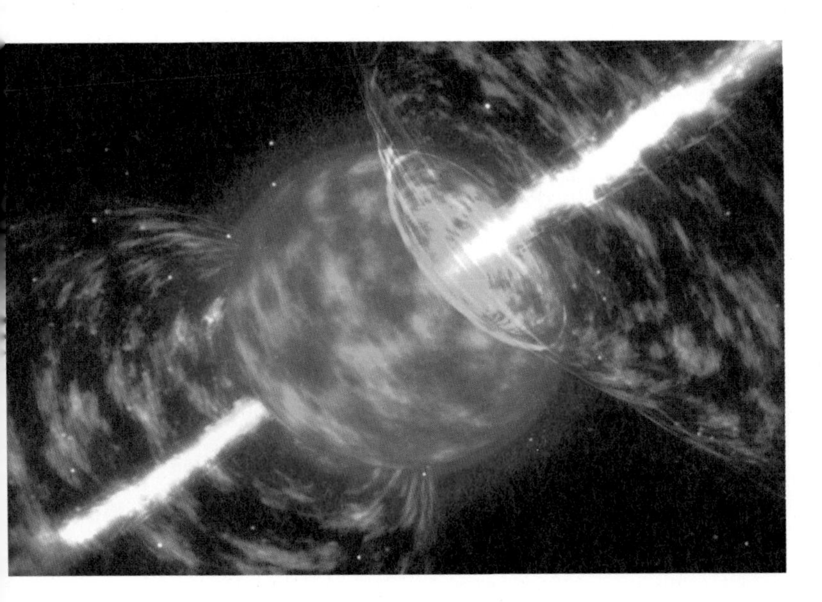

• 감마선 폭발체 상상도 •

히 짧아요. 갑자기 무작위로 이런 감마선들이 관측이 되니까, 1990년대 중반까지는 그 정체에 대해서 도무지 알 수가 없었던 거죠.

원– 1990년대 중반까지요? 얼마 되지도 않았네요?

철– 그렇죠. 비교적 최근에 와서야 그 정체를 알게 된 거예요. 감마선 폭발이 발견된 이후 1990년대 중반까지 도대체 이 감마선 폭발체가 무엇인가 하는 문제를 설명하기 위한 이론적인 논문이 각각 다른 시나리오로 무려 135편 정도가 나왔습니다.

원– 우주전쟁 시나리오도 있었나요?

철— 우주전쟁 시나리오를 언급한 사람들도 있었습니다. 우주에 혜성과 반입자로 구성된 혜성이 서로 충돌을 해서 만들었다는 시나리오도 재미있는 것 중 하나였죠. 그중에서 가장 큰 논점은 이 감마선 폭발이 어디에서 발생하는가 하는 점이었습니다. 우리은하에서 발생하는 것인지, 아니면 멀리 있는 외부 은하에서 발생하는 것인지에 관한 의문이죠.

이런 논쟁의 대표적인 예가 프린스턴대학의 보던 팍친스키라는 교수하고 시카고대학에 있었던 도널드 램이라는 교수가 서로 다른 주장을 한 것입니다. 팍친스키는 감마선 폭발이 우리은하가 아닌 외부의 은하에서 발생한 현상이라고 주장했고, 램 교수는 우리은하에서 발생한 것이라고 주장을 했습니다. 천문학 역사에서 유명한 논쟁으로 남아 있습니다. 이 논쟁에 종지부를 찍은 것은 1990년대에 있었던 새로운 관측 결과들이었습니다. 우선은 1991년부터 2000년까지 관측을 한 미국 나사의 CGRO라는 인공위성을 통해 감마선 폭발체의 위치 분포를 얻을 수 있었죠. 살펴보니 하늘의 모든 방향에서 다 발견이 되는 겁니다.

보던 팍친스키 보던 팍친스키Bohdan Paczynski(1940~2007)는 폴란드 출신의 천체물리학자로 미시중력렌즈와 암흑물질, 신행성 발견에 기여했다.

도널드 램 도널드 램Donald Lamb(1945~)은 페르미연구소를 거쳐 시카고대학교에 재직한 천문학자이다. 우주의 감마선과 엑스선 같은 고에너지 현상을 연구했다.

만일 감마선 폭발체가 우리은하에서 발생하는 것이었다면 은하수 쪽에 몰려 있을 가능성이 높기 때문에, 모든 방향의 우주에서 감마선이 왔다는 것은 전 우주에 골고루 분포해 있는 외부 은하에 그 기원이 있다는 것을 암시하는 일이었죠.

감마선 폭발체의 기원에 관해 더 결정적인 증거를 발견한 이들은 이탈리아와 네덜란드의 천문학자들이었습니다. 이 두 천문학 그룹이 감마선 폭발체를 관측하는 베포삭스라는 인공위성 망원경을 개발했고, 1996년부터 관측을 시작했어요. 특별히 1997년에 암스테르담대학의 얀 판 파라다이스라는 천문학자가 그의 제자들과 함께, 소위 말하는 감마선 폭발체의 '후광'을 관측했습니다. 감마선 폭발체가 발생한 곳이 동시에 가시광선에

CGRO CGRO는 '콤프턴 감마선 관측대Compton Gamma Ray Observatory'의 약자로, 미국항공우주국이 1991년 4월에 쏘아 올린 인공위성이다. 여기에 실린 관측 장비 가운데는 BATSE(Burst And Transient Source Experiment)가 있는데, 이것이 감마선 폭발을 감지하여 천구상의 위치를 추적할 수 있다. 이 관측 장비가 거의 매일 2, 3개의 감마선 폭발을 감지했다.

베포삭스 베포삭스BeppoSAX는 1996년에 발사되어 2003년까지 가동된 이탈리아와 네덜란드 공동의 인공위성이다. 2개의 광각 X선 카메라와 함께 작동하는 감마선 검출기를 탑재했다.

얀 판 파라다이스 얀 판 파라다이스Jan van Paradijs(1946~1999)는 네덜란드 출신의 천문학자이다. 암스테르담대학에서 수학과 물리학, 천문학을 공부하고, 우주의 고에너지 현상을 연구했다.

서도 밝게 빛나는 현상을 발견한 것이죠. 이렇게 감마선 폭발체와 더불어 나오는 가시광선의 밝은 빛을 '후광', 영어로는 '애프터글로우afterglow'라고 불러요. 중요한 것은 후광의 분광 관측을 통해 적색이동을 잴 수 있었다는 점입니다. 적색이동은 꽤 큰 수치로 나왔어요. 만약에 우리은하에서 발생했다면 적색이동은 0이었을 거예요.

후광의 적색이동이 크다는 사실로부터 이 감마선 폭발은 우리은하에서 발생한 것이 아니라 우리은하 밖의 매우 먼 곳에서 발생한 현상이라는 사실을 처음으로 명확하게 확인할 수 있었던 것입니다. 그 이듬해에 같은 연구팀이 감마선 폭발체와 더불어, 우리가 일반적으로 보던 초신성이 폭발한다는 사실을 처음으로 관찰했습니다. 그때 비로소 감마선 폭발과 초신성이 서로

적색이동 적색이동redshift은 물체가 내는 빛의 파장이 늘어나 붉게 보이는 현상을 말한다. 가시광선에서 파장이 길수록 또한 진동수가 작을수록 붉게 보이기 때문에, 물체의 스펙트럼이 붉은색 쪽으로 치우친다는 뜻에서 이렇게 부른다. 적색이동의 대표적인 원인은 빛을 내는 천체가 관측자로부터 멀어지는 운동을 할 경우 관측자에게는 파장이 원래보다 길어져 보이는 도플러 효과이다. 수백만, 수십억 광년 떨어진 천체들은 우주 팽창으로 인해 우리에게서 빠른 속도로 후퇴하고 있기에 그곳에서 나온 빛들은 적색으로 편중되어 관측된다. 강한 중력장의 영향으로 빛이 에너지를 잃기 때문에 파장이 길어지는 적색이동 현상이 일어나기도 하는데, 예를 들어 백색왜성에서 이런 현상이 관측된다.

관련이 있다는 사실을 알게 된 겁니다. 1960년대부터 1990년대 말까지는 감마선 폭발의 정체를 모르고 있다가 비로소 이런 연관성을 인식하게 된 겁니다.

원— 지금부터 20년 전에야 비로소 관측을 통해서 이런 사실을 알게 되었다는 거죠?

철— 그렇죠. 우주에서 감마선 폭발이 일어난다는 것을 관측하고 약 30년이 지나고 나서 알게 된 거죠. 아쉽게도 파라다이스는 그런 중요한 발견을 하고 나서 바로 암으로 사망했어요. 제가 2000년대 초에 박사과정을 하느라 학생 신분으로 네덜란드에 있었거든요. 그래서 그분을 추모하는 학회에 참석한 적도 있습니다.

원— 직접 만나 뵌 적은 없었나요?

철— 아쉽게도 직접 뵙진 못했죠. 추모 학회에 참석을 한 기억만 있습니다.

원— 그렇게 해서 이 감마선 폭발의 정체가 초신성에 의해, 그것도 외부 은하 멀리서 폭발하는 초신성에 의한 것이라는 사실이 밝혀졌네요.

철— 그렇죠. 하지만 모든 초신성이 다 감마선 폭발체를 만드는 것은 아닙니다. 대부분의 초신성과는 달리 왜 일부 초신성이 감마선 폭발체라는 현상을 일으키는지 그 원인에 대해서는 여전히 논란거리입니다. 감마선 폭발체의 빈도를 분석해보면 초신성이 한 100개에서 1,000개 정도가 만들어질 때 감마선 폭발체 하나 정도가 발생합니다. 정말 흔하지 않은 거죠.

원— 왜 그럴까요? 유별난 것에서만 감마선이 나오나요? 아주 커다란 초신성이 폭발할 때만 감마선이 나오나요?

철— 감마선 폭발체를 잘 분석하면 이 감마선이 어떻게 만들어지는지 대충 알아낼 수 있어요. 우리가 현재 아는 것은 감마선이 일종의 제트라는 겁니다. 제트라는 건 사방으로 에너지가 퍼지는 게 아니라, 아주 좁은 영역에 몰려서 집중적으로 나오는 거예요. 레이저같이 방향성을 가지고 약 1도에서 5도 정도 되는 각도에 한정된 영역에서 막대한 양의 에너지가 쏟아져 나오는 것이죠. 우리가 자주 들은 아인슈타인의 유명한 '$E=MC^2$'이라는 방정식이 있잖아요. 이 방정식에 따르면 물방울 하나가 에너지로 전환된다면 청소기 하나를 3,000년 정도 돌릴 수 있습니다. 감마선 폭발체 중에서 정말 강력한 것은 태양 전체의 질량에 해당하는 에너지의 약 10분의 1 정도를 10초라는 짧은 순간에 제트로 방출합니다.

원— 우주 전체로 퍼지다 만 게 아니고 한쪽으로만 나가는 것이라고요?

철— 그렇죠. 현재 가장 유력한 설명은 블랙홀이 제트를 만든다는 것입니다. 무거운 별의 중심핵이 중력붕괴 하면서 블랙홀이 일단 만들어지고, 그 블랙홀 주변으로 나머지 물질들이 강착원반을 만들면서 블랙홀로 빨려 들어가는 상황을 생각하는 것이죠. 태양질량의 몇 배에 해당하는 막대한 양의 물질이 불과 수십 초 만에 강착원반을 통해 블랙홀로 빨려 들어가면서 강력한 제트를 만들어낼 수 있습니다.

일반적인 초신성은 철로 이루어진 핵이 중성자별로 붕괴하면서 만들어지는 겁니다. 반면에 감마선 폭발체의 경우는 철로 이루어진 핵이 붕괴해서 먼저는 블랙홀이 만들어지고, 그 다음에 빠르게 회전하고 있던 주변의 물질이 강착원반을 통해 블랙홀로 빨려 들어가면서 감마선 에너지가 제트로 나올 것이라고 생각하는 거죠.

원— 그림은 한번 본 것 같아요. 예전에 상상도를 그려놓은 것을 보면, 재수 없는 우주선 같은 물체가 지나가다 이 감마선을 맞게 되면 정말 흔적도 없이 사라지는 것이었죠. 하기는 행성 같은 커다란 것도 무사하지 못할 것 같은데요. 아주 높은 에너지를 레이저처럼 아주 좁은 영역의 한군데로 쏘는 거잖아요. 이

강착원반 강착원반Accretion Disk은 '내려앉는 원반'이라는 뜻으로, 중심 물체의 주위로 궤도 운동하는 확산 물질에 의해 형성되는 원반형의 물체를 말한다. 여기서 중심 물체는 전형적으로 원시별이나 백색왜성, 중성자별, 또는 블랙홀이다. 원반 안쪽의 물질은 나선방향으로 움직이면서 중력에 의해 중심 물체의 표면으로 내려앉게 되며 이 과정에서 나온 중력 에너지는 열로 변환되고, 원반 표면에서 전자기파를 방출한다.

감마선 에너지를 맞으면 커지고 좋을까요?

철— 실제로 2005년경에 캔자스대학의 어떤 박사과정 학생이 계산을 한 적이 있어요. 우리은하에서도 그런 감마선 폭발체가 발생해서 우리 지구에 많은 양의 감마선이 도달할 가능성이 조금 있다는 것이죠. 그 학생이 6,000광년 정도 떨어진 곳에서 감마선 폭발체가 발생해서 지구가 감마선을 쏘이면 어떤 일이 발생할 것인지 계산해보니까, 지구의 오존층이 거의 절반 정도는 파괴될 것이라는 결론에 도달했죠. 오존층이 파괴되면 지표면이 자외선과 같은 고에너지를 갖는 전자기파에 노출이 되니까, 지구에 있는 생명체는 거의 멸종이 되겠죠. 이런 이유로 과거 약 4억 5,000만 년 전에 있었던 오르도비스기 대멸종이 감마선 폭발체와 관련이 있었을 수도 있다는 주장을 했습니다.

오존층 오존층Ozone Layer은 지구 대기권에서 상대적으로 높은 함량의 오존을 포함한 공기층이다. 이 공기층에는 단파 자외선을 흡수하는 성질이 있어, 지표면까지 도달하는 자외선을 감소시켜서 생물들을 보호하는 역할을 한다. 프랑스 물리학자 찰스 패브리와 헨리 뷔손이 1953년 오존층을 발견했으며, 영국 기상학자 답슨이 이를 자세히 관측했다.

대멸종 대멸종은 생물 종과 개체 수가 급감하여 몇몇 종들만 살아남는 현상을 뜻한다. 대멸종의 원인으로는 화산폭발, 운석의 충돌, 공기층의 변화 등 환경의 급속한 변화에 의한 것이 있다. 지구에 생명체가 탄생한 이래 5~20차례 정도의 중요한 멸종이 있었다고 생각하고 있다. 큰 멸종의 경우에는 생물 종의 99퍼센트까지 멸종된 경우도 있다고 생각한다.

원— 이미 그런 일이 일어났을 수도 있다는 건가요?

철— 그런 식으로 주장을 하는 사람도 있지만 저는 그런 가설을 별로 신뢰하지는 않습니다. 저도 어떤 종류의 별이 감마선 폭발체를 만드는가에 관한 논문을 쓴 적이 있고, 우리은하같이 이미 무거운 원소 함량이 상당히 높은 곳에서는 감마선 폭발체가 발생할 확률이 매우 적다는 결론을 내렸습니다.

원— 사실 이런 일이야 일어나는 순간까지도 모르는 것이니까, 내일 당장 6,000년 동안을 날아온 감마선에 맞으면 우리는 속절없이 멸종하고 말 텐데요. 그렇지만 《사이언스》에 논문을 실은 윤성철 박사의 연구결과에 따르면, 감마선 폭발체 때문에 우리가 멸종할 가능성은 매우 낮다고 합니다.

최— 우리는 오존층 파괴 때문에 프레온 가스도 못 쓰고 살았는데요?

원— 몇천 년 동안 프레온 가스 못 쓰고 덥게 살았는데, 그다음 날 감마선에 맞아서 오존층이 몽땅 파괴된다! 재밌습니다.

쌍성 펄서의 연금술

원— 자, 이제 질문입니다. "'쌍성 펄서'라는 것이 초신성 폭발과 관련해서 나오더라고요. 이것이 초신성의 폭발 때문에 중성자별이 2개가 생기고 하는 그런 이야기였는데, 이름도 이상하고 이해가 잘 되지 않아서요. 쌍성 펄서가 뭐죠?"

철— 쌍성 펄서는 두 중성자별이 서로 중력으로 묶여 있어서 서로가 서로를 돌고 있는 거죠. 마치 지구하고 달이 서로 돌고 있

쌍성 펄서 두 중성자별이 서로의 중력으로 빠르게 돌면서 규칙적인 전자기파를 발사하는 현상을 뜻한다. 펄서pulsar라는 말은 심장이 박동하듯이 규칙적으로 광선이 나오는 별pulsating star이라는 말에서 유래한 이름이다. 중성자별들은 매우 밀도가 높은 천체이기 때문에 자전 주기와 그로 인한 맥동이 매우 규칙적이다. 일부 펄서들의 경우에는 그 규칙성이 원자시계와 비교될 수 있을 정도로 정확하다.

는 것처럼.

원— 펄서는 중성자별이에요?

철— 중성자별의 자기장이 강하고 빠르게 회전하면 펄서로 관측이 되는 거죠.

원— 1993년도 노벨 물리학상은 이 쌍성 펄서를 발견한 사람들이 받았더라고요. 그래서 이게 노벨상을 수상할 정도의 대단한 발견인가 궁금했습니다.

철— 쌍성 펄서를 발견한 사실 자체도 굉장히 의미가 깊습니다. 항성 진화이론에서 전문적인 용어로 '킥kick'이라는 것이 있어요. 이 '킥'이 발로 찬다는 말이잖아요. 중성자별이 만들어지는 과정에서 초신성 폭발을 하는데, 폭발에서 발생하는 강력한 충격 때문에 새롭게 만들어진 중성자별이 제자리에 머물러 있지 못하고 빠르게 튕겨나가는 경우가 많습니다. 경우에 따라서는 1초에 1,000킬로미터라는 엄청나게 빠른 속도로 튕겨나가기도 합니다.

어떤 쌍성계에서 2개의 무거운 별이 진화를 해나가다가, 그

1993년 노벨 물리학상 1993년 노벨 물리학상은 1974년에 쌍성 펄서를 처음으로 발견하고 이를 통해 중력파를 간접적으로 확인한 공로로 미국의 천문학자인 러셀 헐스Russell Hulse와 조셉 테일러Joseph Taylor가 공동 수상했다.

중의 하나가 초신성 폭발을 할 수가 있잖아요. 초신성과 더불어 만들어진 중성자별이 강한 킥을 받으면 동반성과 더 이상 중력적으로 묶여 있지 못하고 튕겨나갈 겁니다. 그러면 동반성이 나중에 초신성 폭발을 하면서 중성자별이 되더라도 쌍성 펄서가 될 수는 없는 것이지요. 쌍성 펄서가 만들어지기 위해서는, 두 번의 초신성 폭발이 있었음에도 불구하고 2개의 중성자별들이 모두 쌍성계 안에 중력적으로 묶인 상태로 남아 있어야 하는데 그러기가 쉽지가 않습니다. 그렇기 때문에 쌍성 펄서는 항성 진화이론의 관점에서 설명하기 어려운 흥미로운 천체인 것이죠.

또 하나 중요한 사실은 이 '쌍성 펄서'의 발견을 통해서 아인슈타인의 일반상대성이론을 검증했다는 점입니다. 이 노벨상 수상자들은 쌍성 펄서의 궤도가 시간이 지남에 따라 점점 줄어든다는 사실을 발견했어요. '쌍성 펄서'는 빠르게 공전하기 때문에 상대성이론에 따르면 강한 중력파를 방출합니다. 그리고 중력파 때문에 시간이 지남에 따라 궤도 에너지를 잃어버리고 둘이 서로 가까이 접근하게 돼요. 궤도가 줄어드는 양상을 분석해 보니 일반상대성이론의 예측과 매우 정확하게 일치했습니다.

중력파 중력파는 시공간의 뒤틀림으로 발생한 요동이 파동으로서 전달되어, 움직이는 물체 또는 계의 바깥쪽으로 이동하는 파동이다. 이러한 중력파에 의해 전달되는 에너지를 중력복사라고 한다.

K— 중력파를 간접적으로 발견한 거죠. 그게 이 노벨상의 핵심 주제였죠.

원— 그래서 두 별의 펄서를 발견한 것에 대해서 노벨상을 줬다고 하면 일반 사람들은 무슨 이유 때문인지 모르는 거죠. '수많은 행성들과 항성인 별들, 이런 것들 중에 2개가 함께 있는 것을 발견했는데 왜 노벨상을 주어야 하는가' 하는 생각이 먼저 듭니다. 그러나 이렇게 자세한 설명을 들으면 '과연 노벨상을 줄 만했구나' 하고 이해를 하게 됩니다. 이런 이해들이 무척 중요한 것 같아요.

늘 우리의 과학 교육에 관해서 이야기를 하지만, 내용과 의미를 알지 못하고 그냥 암기하라고 하면 싫어해요. '이걸 왜 우리가 알아야 돼요?' 하는 이유에는 재미가 있든지 또는 실용적이든지, 둘 중에 하나는 있어야 흥미를 느끼고 집중할 수 있는 거죠. 그러니까 항성 진화이론적 측면에서도 굉장히 흥미롭고, 상대성이론을 검증하기도 했고, 그래서 노벨상을 받을 만했다는 거죠.

철— 그리고 중성자별의 쌍성계는 철보다 무거운 중원소들의 기원과도 관련이 있기 때문에 중요합니다. 지구상에 존재하는 금이 아마도 모두 여기서 나왔을 가능성이 높아요. 쌍성 펄서가 중력파 때문에 에너지를 점점 잃어버리면 나중에는 결국 2개가 서로 부딪히겠죠. 이렇게 부딪치는 과정에서 격렬한 핵융합 반응이 일어날 수 있거든요. 그런데 금이라는 금속은 만들기 쉬운

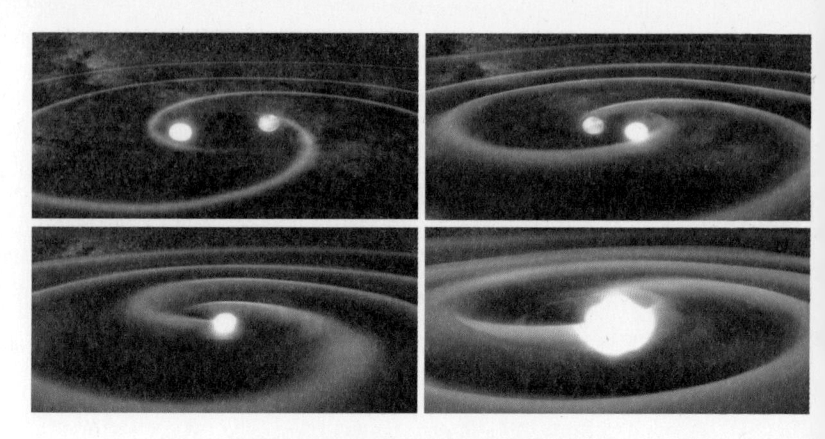

• 2개의 중성자별이 하나로 합쳐지면서 폭발하는 모습 •

원소가 아닙니다. 철은 굉장히 안정된 원소이기 때문에, 철보다 더 무거운 금이라는 원소를 만들기 위해서는 특별한 환경이 필요합니다. 많은 중성자들이 필요해요. 중성자별은 중성자가 많아서 이런 이름이 붙은 것이니, 금을 만들기 위한 아주 좋은 조건을 제공해줄 수 있었던 거죠.

원— 와! 여기서 금까지 만들어내고, 아인슈타인도 증명하고, 이 '쌍성 펄서'는 정말 중요한 천체인데, 저는 여태까지 이것을 모르고 있던 거네요.

최— 그런데 천문학자들은 주기율표라고 부르는 원소들을 보면서 이것은 어디서 생겼고, 이것은 어떻게 해서 생겼다고 말할 수 있나요?

철— 대부분 다 말할 수 있어요.

원— 주기율표의 100개나 되는 원소들을 대개 다 설명할 수 있다고요?

K— 인공적인 것은 나중에 실험실에서 만든 것이고, 자연적인 것들은 거의 대부분 설명할 수 있죠.

원— 대단하네요. 불과 100년이나 200년 전만 해도, 실험실에서 납과 수은을 섞으면 금을 만들 수 있다고 생각했던 인간들인데, 지금은 그것을 다 설명할 수 있다니요. 아무튼 대단합니다. 과학의 힘이라는 게 정말 대단하다는 것을 느낍니다. 과학 욕하는 사람들은 과학을 잘 모르는 사람이에요. 과학이 이렇게 흥미롭고 놀라운 것인데, 앞으로도 과학은 놀라운 성과를 거둘 겁니다.

K— 어떤 펄서는 1초에 몇백 바퀴씩 돌 정도로 매우 빠르게 자전하기도 합니다.

원— 이 별들이 대개 큰 것들이잖아요. 그런데 그렇게 빨리 도나요?

K— 그렇죠. 큰 데다가 속도도 1초에 몇백 바퀴씩 빠르게 돌기 때문에 주기가 어마어마하게 정밀한 거죠. 주기가 원자시계와 비교할 수 있을 만큼 아주 정확해요. 이 주기에 약간의 변화만 생겨도 금세 표가 나기 때문에 우리가 알아차릴 수 있죠.

원— 이렇게 빨리 돌고 있다면 상상하기에 따라서는 엄청난 원심력이 작용할 것 같은데, 이 중성자별을 응축시키고 있는 힘이 원심력보다 훨씬 강하기 때문에 자신들의 형태를 유지하고 있는 건가요?

철— 그렇죠. 태양질량의 2배 가까이 되는 물질이 약 10킬로미터 반경 내에 응집되어 있기 때문에, 중성자별의 중력은 어마어마하게 큽니다. 우리가 관측하는 펄서들의 자전 주기에 해당하는 원심력은 중력에 비하면 그다지 중요하지 않고요.

원— 이것을 펄서라고 하는 이유가, 이것들이 돌면서 신호를 보내는 게 마치 맥박처럼 일정한 시간을 보낸다고 해서 그렇게 부르게 된 거죠?

K— 네. 그 일정한 정도가 몇 초에 한 번씩이 아니고, 0.001초, 아니 그것보다 더 짧은 시간에 신호를 보내는 겁니다.

원— 그래서 처음 이 신호를 관측한 사람이 아마 외계에서 온 신호가 아닐까 하는 식으로 생각했다면서요?

K— 그 정밀도가 지구상에서 만든 어지간한 시계보다 훨씬 더 정확해요.

원— 참 대단합니다. 우리는 우주라고 하면 넓고 광활하게 퍼져 있으며, 아주 큰 항성들이 흩어져 있고, 또 넓은 범위에서 공전하는 것이라고 생각하는데, 시계보다 더 정확하게 빠른 속도로 돌고 있는 천체도 있군요.

K— 이 펄서는 정말로 우주에서 정밀함의 극치죠. 1분, 1초의 오류도 없는…. 지금은 태양계 밖에서 외계 행성들을 많이 발견하는데, 그중에 제일 처음 발견된 외계 행성은 펄서 주변에서

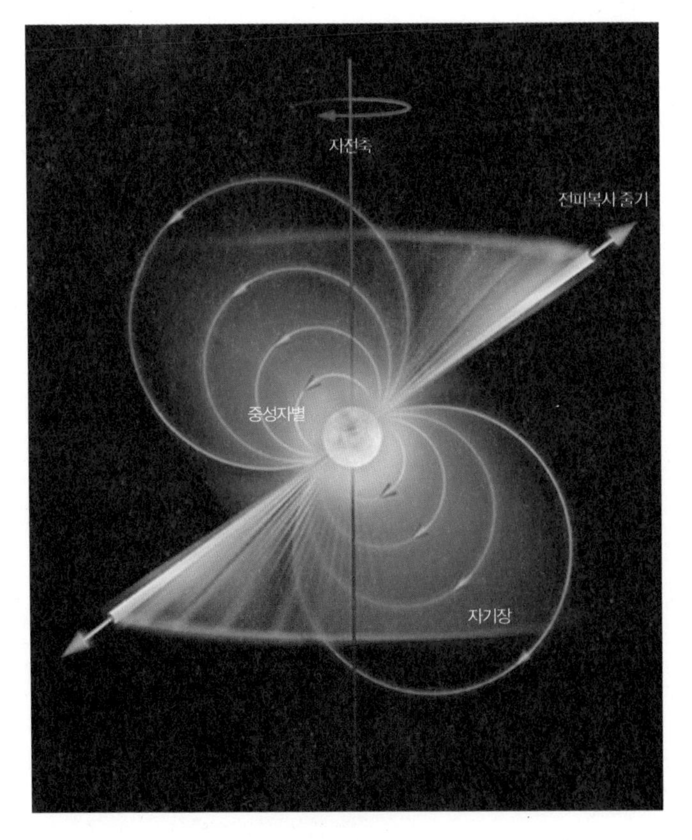

• 펄서는 무엇일까? •

찾아냈어요. 펄서의 회전주기가 달라지는 걸 측정해서 거기에 행성이 있다는 것을 확인하는 것이죠. 그러니까 태양계 행성이 아닌, 외계 행성으로서 처음 확인된 것은 펄서 주위를 돌고 있는 행성이었죠.

원— 정말로 흥미롭습니다. 현대인이 반드시 알아야 할 것이 바로 이 초신성에 관한 상식인 것 같습니다.

철— 한 가지 더 이야기하자면, 초신성이 얼마나 자주 폭발하고 있는지 아세요?

원— 1초에 한 번부터 100만 년에 한 번까지 다양한 초신성 폭발 주기가 머릿속에 떠오르고 있습니다.

최— 자주 터질 것 같지는 않아요. 역사책에서 보면 선덕여왕이나 이성계 같은 훌륭한 사람은 태어날 때 새로운 별이 발견된다고 하잖아요.

원— 우주 전체에서 초신성 폭발 주기를 이야기한 거죠? 굉장히 자주 폭발하지 않을까요? 우주가 워낙 크다 보니까?

철— 우리은하 같은 은하에서는 평균적으로 50년에 한 번 정도 폭발한다고 생각하고 있어요. 그런데 우리은하 같은 게 1,000억이 훨씬 넘어 2,000억 개 정도까지 보기도 하니까 계산을 하면 어떻게 되나요?

K— 그냥 쉽게 은하가 50개라고 하면 1년에 하나씩 발견할 수 있고, 은하가 500개라 보면 대략 한 달에 한 번 정도, 5,000개라 하면 매일이고, 또 은하가 5만 또는 10만이라 보면 하루에도 몇 개씩 보는 거죠.

철— 그러니까 전체 우주에서 1초에 한 10개 가까이, 또는 그 이상의 초신성이 폭발한다고 생각하면 됩니다.

원— 옛날에 SF 영화에서 아주 훌륭한 문명을 가진 행성이 있었는데 근처에서 초신성이 터지는 바람에 괴멸된 이야기가 나오더라고요. 그럴 가능성이 있기는 있을까요? 멀지 않은 곳에서 초신성이 갑자기 터지는 바람에 행성이 멸망하는 그런 일이 일어날까요?

철— 제 생각엔 그런 일은 거의 없을 것 같아요. 왜냐하면 생명이 탄생했다는 이야기는 그 행성의 주변이 좀 안락했다는 이야기거든요. 초신성은 주로 무거운 별들의 폭발로 발생하는데, 무거운 별들이 모여 있는 영역은 고에너지 입자들이 워낙 많기 때문에 행성이 설사 있다 하더라도 대기가 다 파괴될 거예요. 그러니까 우리 지구처럼 오존층이 만들어져서 자외선으로부터 생명체를 보호할 수 있는 안락한 환경을 만들어내지 못할 거예요. 어떤 곳에 생명이 존재하기 위해서는 아마도 그 주변은 무거운 별들은 없고 우리 태양 주변처럼 가벼운 별들만 유유자적하는 아주 안락한 환경이 조성되어야 할 겁니다.

K— 그리고 무거운 별들은 수명이 짧아서 진화를 할 만큼 오래 살지도 못해요.

원— 제가 본 소설에 나온 비극적인 이야기는 현실에서는 아마 일어날 수 없을 것이라는 이야기죠?

철— 그럴 가능성을 완전히 배제할 수는 없죠. 왜냐하면 아까 언급한 1A형 초신성은 무거운 별들이 아닌 가벼운 별들에서 나온 것이기 때문이에요. 그런 것들이 혹시 주변에 있어서 터질 수도 있는데, 가능성은 비교적 적다고 봐야죠.

청중— 몇 광년 떨어져 있는 가까운 별이 초신성으로 폭발한다면 어느 정도 범위까지 지구에 영향을 미칠 수가 있죠?

철— 그것은 계산을 좀 해봐야 하는데요?

최— 대충 말해줘도 되는데요.

K— 예전 기억인데 초신성이 지구에 심각한 영향을 끼칠 수 있는 거리의 한도가 대략 수십 광년 정도였던 거 같아요. 지구에서 수십 광년 이내에는 그럴 만한 별은 없어요.

최— 외계 행성 가운데 인간이 거주 가능하다고 하는 것들의 범주가 처음에는 온도만 대충 맞고, 기체 행성이 아니면 된다고 생각했다가, 이제는 조건들이 너무 많아지는 것 아닌가 하는 생각이 들어요.

K— 그런데 사실은 우리가 지구와 비슷한 외계 행성을 찾고 하는 건 대부분 태양하고 비슷한 별 중에서만 찾아야 돼요. 이렇게 중성자별처럼 질량이 큰 별이나 그런 데서는 잘 찾지 않죠.

원— 어떻게 보면 그런 곳에서 찾는 건 낭비죠.

철— 그렇죠. 그렇게 생명체가 거주하기 위한 조건이 까다롭지만 케플러 우주망원경이 외계 행성을 찾은 결과에 따르면 지구와 비슷한 환경의 행성들이 우리은하에만 100억 개가 넘을 것이라고 합니다.

원— 이 정도면 무언가 있기는 하겠죠?

K— 케플러 우주망원경을 쏘아 올릴 때는 이 망원경이 지구와 비슷한 행성을 수십 개 정도는 발견할 거라고 했거든요. 많은 사람들이 그 숫자가 허풍일 거라고 생각했었죠. 그런데 작업을 해보니까 예상을 훨씬 뛰어넘은 것이죠.

원— 확실하게 발견된 것만도 그 정도니까 이렇게 보면 머지않아 무언가 나올 것 같긴 한데 기다려봐야죠.

K— 최근에 케플러 우주망원경에 관한 자료를 찾아보니까, 이것이 고장이 났다고 그러네요. 그렇다고 그것을 그냥 버리지는 않고 다시 재활용을 한대요.

원— 어떻게요?

K— 이 우주망원경이 자세의 제어에 문제가 생겨서 행성을 찾을 정도의 정밀성을 더 이상 유지하지 못하고 있거든요. 원래는 태양광 에너지를 이용해서 관측을 위한 망원경의 자세를 정밀하게 맞추었는데, 이제 그렇게 하지 못하니까 초신성같이 밝은

케플러 우주망원경 케플러 우주망원경은 2009년 3월 미국 나사에서 지구로부터 6,500만 킬로미터의 궤도를 돌며 외계 행성 탐색을 목적으로 만든 우주망원경이다. 천문학자인 요하네스 케플러의 이름을 딴 망원경으로 행성의 빛을 포착하는 방식으로 행성을 찾는다. 원래 설계 수명상으로 종료 시점은 2012년 11월이었지만, 나사는 수명을 2016년까지로 연장했다.

별을 발견하는 용도로 쓸 수 있도록 준비하고 있다고 하네요.

원— 이 우주망원경에 돈을 많이 들인 건데 다행이네요. 케플러 우주망원경이 부활한다고 하니 앞으로 좋은 데이터를 많이 보낼 수 있으면 좋겠습니다. 초신성 이야기 대충 이 정도로 마쳐도 되지 않을까 싶네요. 이제 일반인들이 소화할 정도는 되지 않았을까 하는 생각이 듭니다.

K— 지금까지 한 것만 해도 거의 한 학기 수업을 들은 정도가 됩니다.

원— 초신성에 대해서는 어떤 발견이 어떤 새로운 이론들을 증명해주고, 또 우리가 이론적으로 생각하지 못했던 것들에 대해서 새로운 가능성들이 생겨나고, 그래서 그것들을 검증해나가면서 큰 퍼즐들을 하나하나 맞춰가는 과정에 있는 것 같아요. 그런 과정들에 참여해서 직접 맞출 수는 없겠지만, 곁에서 이런 작업들을 들여다보면서 어떤 그림이 나오는지를 살펴보는 것만으로도 일반 사람들에게는 아주 큰 즐거움이 되고, 그렇게 해가면 한평생을 재미있게 살 수 있을 것 같은 생각이 듭니다.

K— 현대의 과학에서는 전혀 생각하지 못했던 분야와 깊이까지 연구가 진행되고 있거든요. 저 같은 경우에도 천문학뿐만 아닌 다른 과학 분야의 책들도 종종 읽는데, 그러다 보면 깜짝 놀랄 정도의 것까지 과학이 연구하고 있구나 하는 생각을 할 때가 있어요. 그런 생각을 가지고 과학의 여러 분야를 살펴보는 것도

상당히 재밌을 것 같아요.

원— 광대한 과학의 바다가 있으니까 그 안에서 헤엄을 쳐보는 것도 즐거운 일이 아닐까 생각이 듭니다.

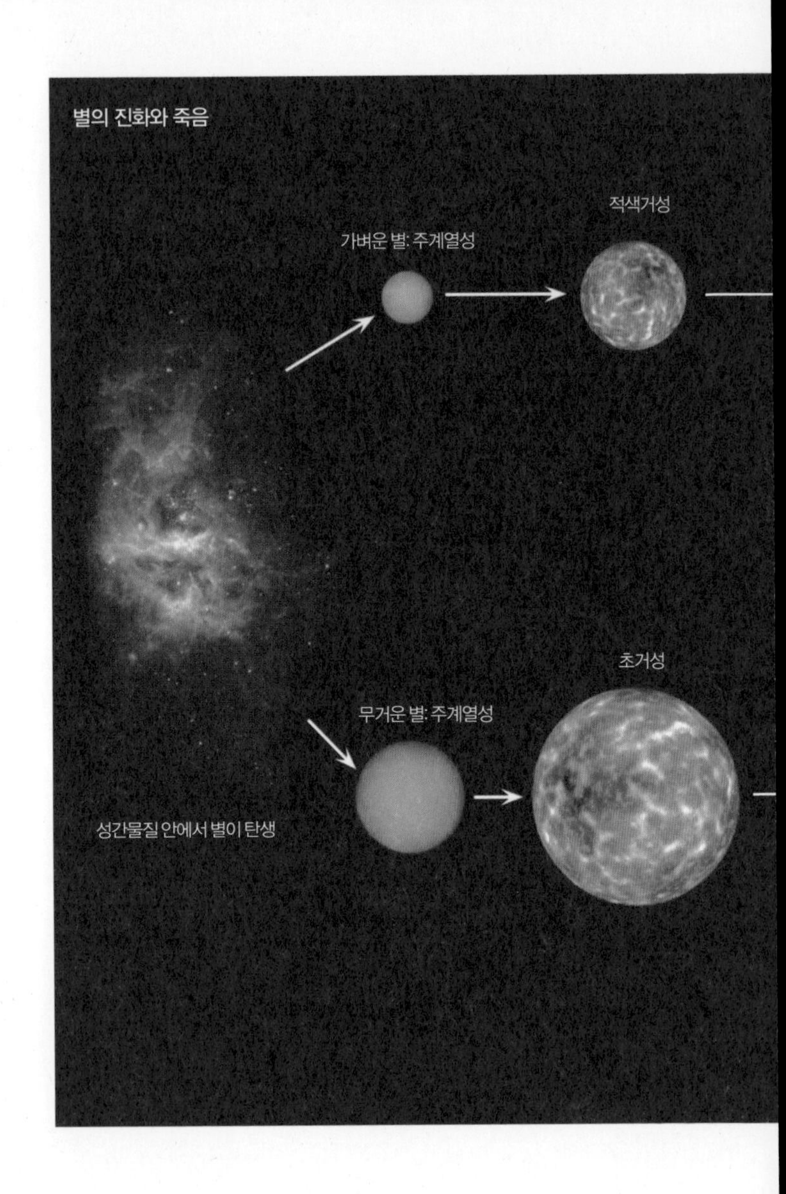
별의 진화와 죽음
적색거성
가벼운 별: 주계열성
초거성
무거운 별: 주계열성
성간물질 안에서 별이 탄생

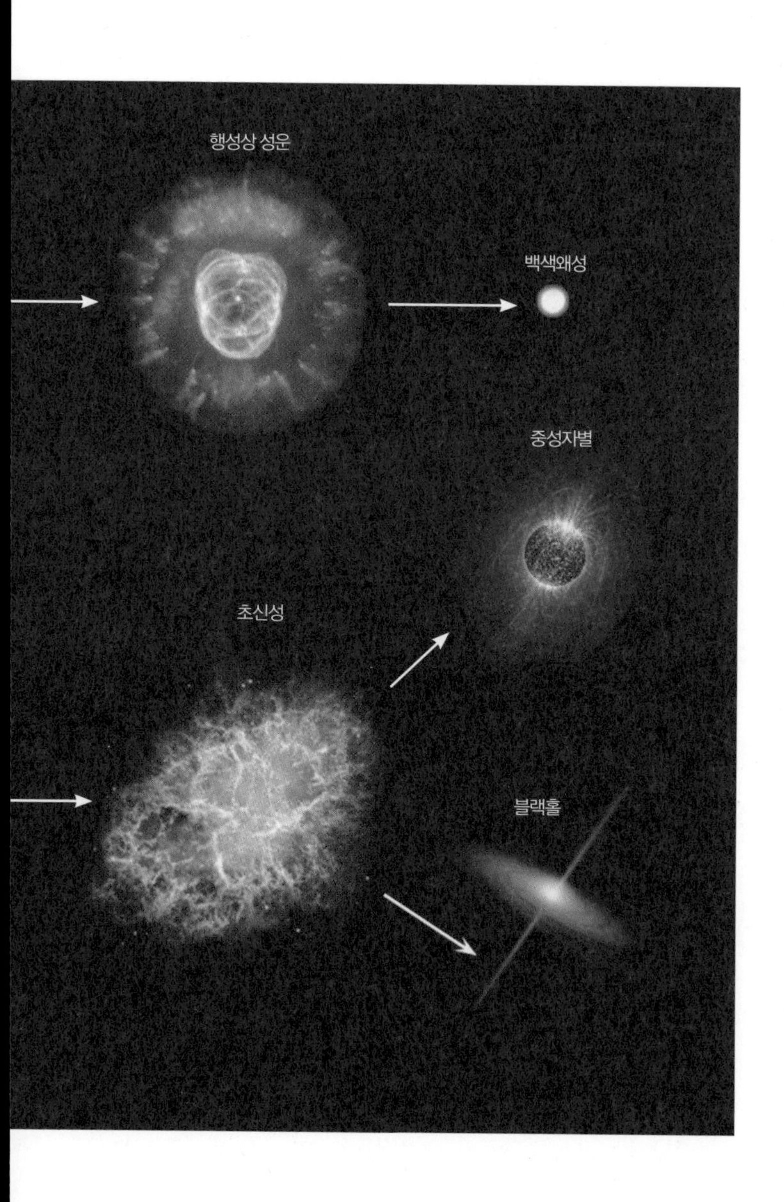
행성상 성운
백색왜성
중성자별
초신성
블랙홀

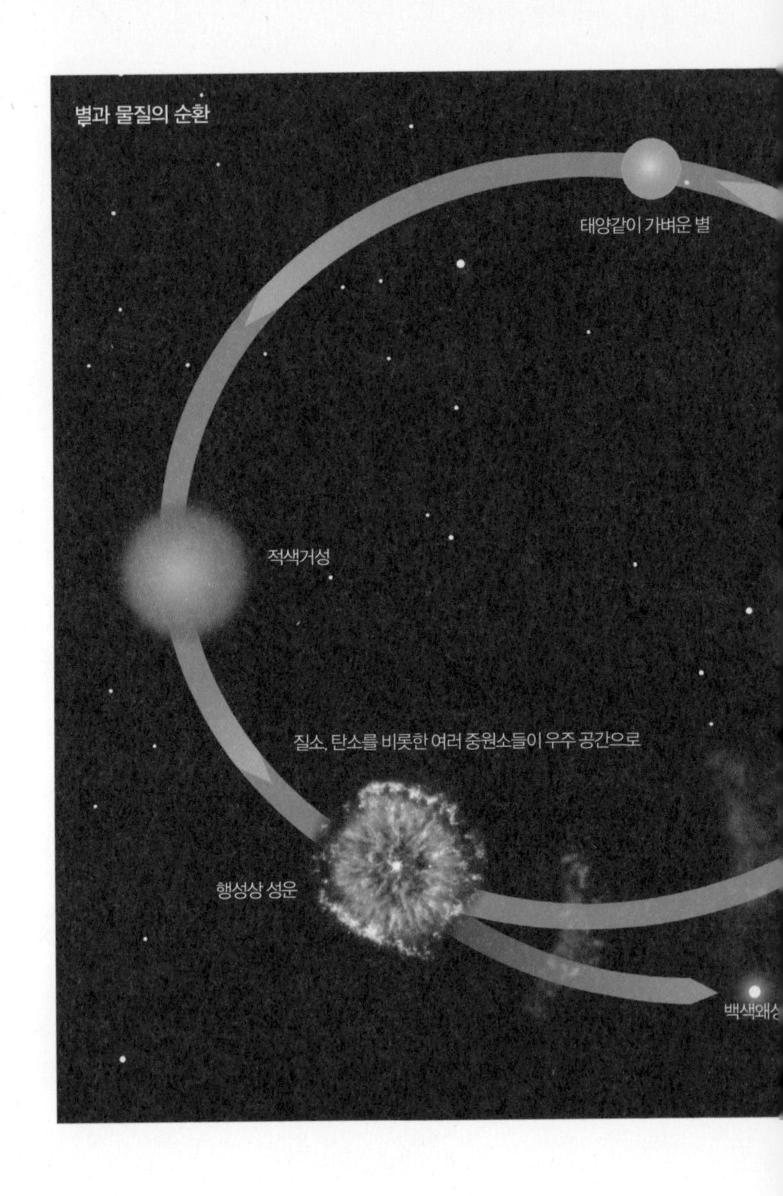
별과 물질의 순환
태양같이 가벼운 별
적색거성
질소, 탄소를 비롯한 여러 중원소들이 우주 공간으로
행성상 성운

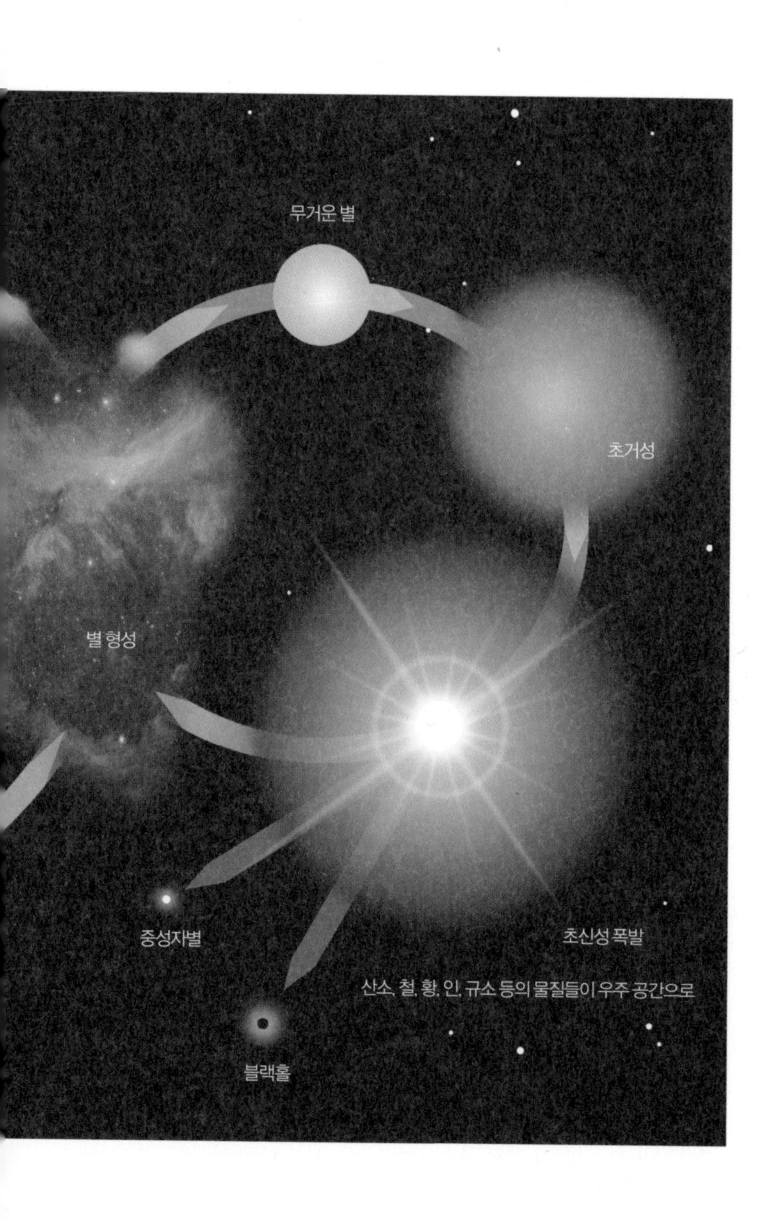
무거운 별
초거성
별 형성
초신성 폭발
중성자별
산소, 철, 황, 인, 규소 등의 물질들이 우주 공간으로
블랙홀

현상금을 잡아라

원— '현상금을 잡아라'라는 코너입니다. '과학 현상금'에 관한 이야기로는 이런 이야기가 전해지고 있어요. 나폴레옹이 전쟁을 치르는데 군인들에게 보급할 음식 보관에 대해서 무척 고민을 많이 했대요. 전쟁을 치르려면 옛날부터 항상 그게 문제였다고 하죠. 군인들을 먹여야 힘을 내서 싸울 수 있고, 또 음식이 상하면 몸이 아파서 싸울 수 없고, 또 굳거나 맛이 없어도 먹기 곤란하니까 그렇겠죠. 그래서 음식 보관에 관한 고민을 하다가 1만 2,000프랑이라는 당시로는 어마어마한 현상금을 내걸고 해서 병조림이라는 방법을 발견하게 되었다고 합니다.

그런데 병조림이라는 방법이 사실 문제가 좀 있어요. 병이 잘 깨지니까, 전장에서 깨져서 못 먹게 되는 경우가 흔한 거예요. 그래서 병이 아닌 쇠로 통을 만들어 통조림을 만드는데, 용기 밑바닥이 빠지는 바람에 통조림의 통을 만든 사람이 통조림을 납품하고 돈도 받지 못해서, 통의 위아래를 용접하는 기술을 10년 동안이나 연구했다고 하는 이야기도 있어요. 어쨌거나 통조림을 개발한 사람은 이를 납품해서 부자가 되었답니다.

또 지금은 흔한 각설탕도 바다를 항해하는 도중에 설탕을 먹으려 하면 습기 때문에 굳어서 딱딱해지니까, 아예 처음부터 모양을 만들어 습기가 많은 곳에 쌓아놓을 수 있도록 상품으로 나왔다고 하는데, 이것의 발명에도 어마어마한 현상금이 붙었다고 합니다. 또 당구공은 원래 상아를 깎아 만들었는데, 이 상아가 비싸기도 하거니와 코끼리들이 개체수가 적어져서 구하기 힘들어지니까, 상아의 대체품으로 개발했던 것이 바로 플라스틱의 발명으로 이어졌다고 합니다. 이 발명을 하는 데에도 몇 년이 걸리고 고생도 많이 했으며, 당시로는 거금인 1만 달러가 걸려 있었다고 합니다.

또 다른 일로는 1919년에 미국 호텔왕인 레이먼드 오티그 Raymond Orteig라는 사람이 있었습니다. 이 사람이 뉴욕과 파리 사이를 논스톱으로 비행하는 첫 비행사에게 2만 5,000달러를 주겠다고 현상금을 걸었습니다. 그때 2만 5,000달러면 지금은 수백만 달러겠죠. 그것을 유명한 찰스 린드버그가 1927년에 성공을 합니다. 지금은 5, 6시간이면 대서양을 건너지만, 그때는 33시간 30분이 걸립니다. 비행기 자체도 느리고 볼품없는 것이었죠.

지금 관점에서는 이런 것이 보잘 것 없는 일이라고 말하겠지만, 당시에는 엄청난 의미가 있는 일이었습니다. 이를 통해서 항공 산업이 빠른 속도로 발전한 것이죠. 린드버그가 대서양을 건너기 전에 1926년에는 미국 안에서 항공기를 이용하는 여행객이 5,782명밖에 되지 않았답니다. 그런데 불과 3년 뒤인 1929년에는 17만 3,405명으로 늘어납니다. 1927년 한 해만 하더라도 조종사 수가 3배가 늘었고, 항공기는 4배가 증가합니다. 그래서 당시에 걸려 있던 2만 5,000달러의 현상금이 지금은 연간 250조 원이 넘는 항공 산업을 태동시킨 기폭제가 된 겁니다.

이런 이야기도 있었기 때문에 지금 과학 방면에는 어떤 현상금이 걸려 있는가를 확인하고, 그것을 한번 생각해보자는 겁니다. 지금에 있어서 이런 것들로는 어떤 것들이 있을까요?

원 — 일단 우리 자신은 아니더라도 천재들은 할 수 있는 것부터 꼽아보겠습니다. 미국의 부호 랜던 클레이가 설립한 매사추세

찰스 린드버그 찰스 린드버그Charles Lindbergh(1902~1974)는 1927년에 롱아일랜드에서 파리까지 중간 기착 없이 단독 횡단하는 데 성공한 미국의 비행기 조종사이다. 그는 대학을 중퇴하고, 비행학교에 들어가 비행사가 되었으며, 우편물을 나르는 비행사로서 시카고에서 세인트루이스까지 최초로 단독 비행에도 성공했다.

츠 케임브리지에 있는 클레이수학연구소라는 데가 있어요. 영문 대문자를 따서 약칭으로 'CMI'라고 하는데, 여기에서 2000년에 수학 분야에서 중요한 미해결 문제 7개를 상대로 각각 100만 달러의 상금을 걸었습니다.

최— 수학 문제 하나만 풀면 100만 달러네요.

원— '밀레니엄 프라블럼Millennium Problems'이라고 하는 미해결 문제를 그냥 한번 읽겠습니다. P-NP 문제, 호지 추측, 푸앵카레 추측, 리만 가설, 양-밀스 질량 간극 가설, 나비에-스토크스 방정식, 버치-스위너턴다이어 추측. 이것들입니다. 몇 개는 귀에 익은 것 같고 양-밀스 질량 간극 가설은 물리학 이야기였던 것 같은데, 이 가운데 하나만 풀면 100만 달러를 주겠다는

클레이수학연구소 클레이수학연구소Clay Mathematics Institute는 사설 비영리 연구소로, 수학을 널리 알리고 발전시키려는 활동을 목표로 하고 있기에 여러 상을 제정해서 유망한 수학자들에게 수여하고 있다. 이 연구소는 1998년에 기금을 출연한 랜던 클레이Landon Clay와 하버드대학교의 아서 재피Arthur Jaffe(1937~)가 설립했다. 아서 재피는 수리물리학자로, 양자장론을 수학적으로 엄밀하게 정립한 학자이다.

P-NP 문제 P-NP 문제는 컴퓨터 과학의 미해결 문제이다. P는 결정론적 튜링기계를 사용해 다항 시간 내에 답을 구할 수 있는 문제의 집합이고, NP는 비결정론적 튜링기계를 사용해 다항 시간 내에 답을 구할 수 있는 문제의 집합이다. 여기서 P는 NP의 부분집합이지만, P와 NP가 같은 집합인지, 아니면 P가 NP의 진부분집합인지는 아직 밝혀지지 않았다.

거고, 만일 혼자서 다 풀면 700만 달러를 받는 거죠.

최— 그런데 작년엔가 우리나라의 어떤 수학 교수가 이 가운데 한 문제를 풀었다는 소식을 들은 것 같아요. 상금을 받았는지는 모르겠지만.

원— 문제를 풀었다는 겁니까?

호지 추측 호지 추측Hodge Conjecture은 1930년대에 스코틀랜드의 기하학자인 윌리엄 호지가 호지 이론을 개발하였고, 이 이론을 집대성한 저서에서 이 추측을 처음으로 발표했다. 호지가 1950년 세계수학자대회 강의에 이 문제를 언급하면서 호지 추측은 수학계의 주요 미해결 문제로 등장했다.

푸앵카레 추측 푸앵카레 추측Poincaré Conjecture은 4차원 초구의 경계인 3차원 구면의 위상학적 특징에 관한 '모든 경계가 없는 단일 연결 콤팩트 3차원 다양체는 3차원 구면과 위상동형이다'라는 정의이다. 이 명제는 프랑스의 수학자 앙리 푸앵카레의 1904년 논문에 처음 등장하는 추측으로, 우주의 형태에 대한 추측과도 밀접한 관련이 있다. 이 추측은 2002년, 2003년에 러시아의 수학자 그리고리 페렐만이 발표한 출간되지 않은 논문들에서 증명되었다. 밀레니엄 문제 중 최초로 해결된 문제이다.

리만 가설 리만 가설Riemann Hypothesis은 19세기 중반 이래 수학사의 주요 미해결 난제의 하나로 소수의 분포와 밀접하게 연관되어 있다.

양-밀스 질량 간극 가설 양-밀스 이론은 입자 물리학의 표준 모형에 내재하는 양자장론을 뜻하는 것이며, 질량 간극은 이 이론에서 예측되는 가장 가벼운 입자의 질량이다. 따라서 이 가설을 입증하는 사람은 우선 양-밀스 이론이 존재함을 증명해야 하며, 이것이 수리물리학의 엄밀함을 만족해야 한다.

최— 신문기사를 읽은 기억에 의하면, 문제를 풀었지만 풀고 나면 2년 동안 여기에 대한 검증을 받는가 봐요. 이 과정을 통과하면 아마 상금을 주겠죠.

K— 그런데 그게 수학으로 푼 게 아니고, 물리학 이론이었다는데요. 수학자들은 그것은 문제를 푼 게 아니라고 하더라고요.

최— 그러면 못 받는 거예요?

K— 아마도 아직 못 받았을 겁니다.

원— 그렇다면 그런가 보다 하는 거지요. 우리야 모르니까.

최— 아직 700만 달러는 고스란히 남아 있나요?

원— 저는 푸앵카레 추측에 한번 도전을 해볼게요. 각자 하나씩

나비에-스토크스 방정식 나비에-스토크스 방정식Navier-Stokes Equations은 점성을 가진 유체의 운동을 표현하는 비선형 편미분 방정식으로 나비에와 스토크스가 처음 소개하여 그들의 이름을 딴 것이다. 이 방정식은 날씨 모델, 해류, 관에서의 유체 흐름, 날개 주변의 유체 흐름, 은하 안에서의 별들의 움직임을 설명하는 데 쓰일 수 있다. 실제로 항공기나 자동차 설계, 혈관 안의 피의 흐름, 오염물질의 확산 등의 연구에 사용되지만, 이 방정식의 3차원 해가 항상 존재한다는 것을 증명하지 못했다.

버치-스위너턴다이어 추측 버치-스위너턴다이어 추측Birch and Swinnerton-Dyer Conjecture은 수론에서 수체상의 타원곡선에 관한 것으로, 1965년에 브라이언 버치와 피터 스위너턴다이어가 컴퓨터를 사용한 수치적 데이터를 바탕으로 발표한 것이다. 현재 이 추측은 계수가 1 이하인 경우 중에서도 특수한 경우에 대해서만 증명되어 있다.

골라보죠. 글쎄 모르겠습니다. 굉장히 어려운 문제이기 때문에 아마 이렇게 현상금이 걸리고 하지 않았나 싶은데, 수십 년, 수백 년 동안 아무도 풀지 못한 그런 문제들 아니에요? 어쨌든 이론적으로는 누구나 이것을 집에 처박혀서 도전해볼 수는 있는 거잖아요. 통일장 이론 이런 것까지 하지는 않더라도 일단 삼각함수부터 다시 시작을 해볼까요?

철— 차라리 대한민국의 통일이 쉬운 거죠. 아마 세계에서 백만장자 되기 가장 어려운 방법이 아닐까 싶은데요.

원— 그렇겠네요. 안 되겠구나.

K— 책을 써서 베스트셀러가 되는 게 오히려 더 쉬울 것 같습니다.

원— 맞아요. 해리포터 이런 책 하나 쓰는 게 돈도 훨씬 더 벌고 가능성도 조금은 더 있겠죠. 그 일곱 문제 가운데 이름이 익숙해서 리만 가설이란 걸 제가 찾아봤더니, 한참 오래전인 1859년에 독일의 수학자 리만에 의해서 처음 제기된 문제인데요, 이 사람이 찾던 건 뭐였냐면, 소수들이 그 분포에 있어서 무언가 패턴을 갖고 있지 않을까 하는 것이었습니다. 소수가 뭔지 아시죠? 우리 때는 '솟수'라고 배우기도 했는데, 이것의 수학적 정의는 자신과 1로밖에 나눠지지 않는 것이죠. 예를 들자면 2, 3, 5, 7, 11, 13… 하는 식으로 쭉 올라가는데, 여기에도 어떤 패턴이나 법칙이 있지 않을까 하는 문제에서 시작했나 봐요.

그런데 우리도 이름을 잘 아는 그리스의 유명한 수학자이며

기하학자인 유클리드가 기원전 350년에 이미 소수가 일단 영원히 계속된다는 것, 또한 무한히 많은 소수가 있다는 사실을 증명했다고 합니다. 소수가 재밌는 게, 실제로 나열해보면 수가 커질수록 소수가 드물게 나타난다고 합니다. 어떻게 보면 이것은 당연한 것 같기도 하지만 이런 현상에 대해서 엷어진다는 표현을 쓰더라고요. 어쨌든 여기에 어떤 법칙이 있느냐 하는 것이 아마 리만 가설과 관련된 것 같아요.

제가 소수 이야기를 들으니까 생각난 게 소수를 적는 방식 하나 있는데, 맨 가운데 1를 쓰고 그 다음에 밑에 2를 쓰고 나선형으로 2, 3, 5, 7, 11, 이렇게 계속 커지면서 소용돌이 식으로 써나가는 거죠. 이렇게 굉장히 많은 소수를 계속 쓰게 되면 패턴이 드러나요. 수학적 패턴은 아닌데 그래도 모양이 나타나거든요. 이게 장미 모양으로 나타난다고 하죠. 그래서 하나하나 작게 보면 안 보이지만, 멀리서 크게 보면 큼직큼직한 꽃잎 같은 기하학적 형태가 나타난다고 하더라고요. 그래서 이걸 보고 있으면 소수에도 우리가 찾진 못하지만 어떤 패턴이 있는 게 아닐까 그런 걸 보면서 신기하다는 생각을 했거든요.

최— 올해 찾아보세요.

원— 저는 푸앵카레 추측에 도전할 거예요. 이미 시작한 프로젝트가 있으니까 그것을 하고, 또 소수와 소수의 분포에 관해 증명하는 걸 목표로 삼아야지요.

K— 리만 가설이 정확하게 그건 아마 아닐 겁니다. 전부 틀린 건 아닌데 리만 가설은 조금 다른 이야기고…. 제가 알기로는 리만 가설은 증명을 못 했는데, 소수의 패턴은 어느 정도 증명이 되었다고 하더라고요.

원— 그렇군요. 찾아봐야겠네요. 푸앵카레 추측이 무엇인지는 누가 아나요? 첫걸음을 떼기가 가장 어려운데요.

K— 원래 일단 무엇인지부터 파악하는 게 항상 가장 어려운 거고, 그것이 바로 문제를 이해하는 거죠.

원— 그렇죠. 부끄럽습니다.

K— 이건 꼭 수학뿐만 아니라 과학도 마찬가지고, 다른 사회적인 현상도 무엇이든 문제를 파악하지 못하면 해결이 안 되죠.

원— 그런데 그게 생각만큼 파악하는 분들이 많지 않은 것 같아요.

K— 문제가 뻔히 있는데도 없다고 주장하는 사람들이 있잖아요.

최— 그런데 이건 어려워서 못 할 것 같아요. 다른 현상금이 걸린 것들은 없나요?

원— 안 되겠네요. 박사님들도 침묵하시는 걸 보면 저 따위가 '푸앵카레'에 감히 도전하겠다고 하는 게 가당치도 않은 거네요.

K— 이건 수학하는 사람들한테도 어려운 문제인데, 수학을 전공도 하지 않은 저희가 무슨 엄두를 내겠습니까?

원— 어차피 이건 농담이니까요. 그다음 현상금이 걸린 것 하나가 구글에서 로봇 탐사선을 달에 착륙시켜서 단 500미터만 전진하면서 동영상과 이미지를 전송하면 3,000만 달러를 주겠다는 건데요. 3,000만 달러면 우리 돈으로 약 300억 정도네요. 이거 고작 500미터인데 할 만하지 않을까요? 어쨌든 로봇을 달까지만 보내면 이 정도는 쉽게 할 수 있지 않을까 싶은데요.

K— 그런데 지금 그거 거의 다 진행되었을 거예요. 끝나진 않았지만요.

최— 스페인인가 중국인가 어디에서 달착륙선이 로봇을 싣고 갔다는 기사를 읽은 것 같아요.

K— 그런데 여기에 조건은 정부의 지원금이 있으면 안 되고 민간 돈으로만 실시해야 한다는 게 있습니다.

원— 비용을 덜 들이고 싸게 해야 된다는 건가요?

K— 그러려면 돈을 줄여서 해야죠. 크기에는 전혀 제한이 없고, 굴러가거나 걸어가는 것이 아니라 점프를 해도 되고, 무조건 500미터만 가면 되는 거예요.

원— 그러면서 동영상과 이미지를 찍어서 전송해야 한다는 거죠.

청중— 이런 건 돈만 좀 있으면 인도에 외주를 줘서 할 수도 있을 것 같네요.

원— 그렇게 하면 3,000만 달러 이하로도 할 수 있을지 몰라요.

최— 인도에서 로봇을 만들고 중국 발사체에 실어서 보내면 좀 저렴하게 할 수 있겠죠?

원— 리모컨으로 조종하는 장난감 자동차처럼 해도 되지 않겠어요? 그러려면 리모컨의 출력이 굉장히 세야겠죠? 아마 전파 도달 속도 때문에 1.3초 정도 늦게 움직이긴 하겠죠. 그렇게 500미터 전진하며 동영상과 이미지를 찍어 보내게 하면 되겠죠. 그러니까 그림은 떠오르는 거예요. 리모콘 자동차에 탱크의 무한궤도가 붙어야 하겠죠. 바닥이 울퉁불퉁할 테니까요. 여기다가 휴대폰에 있는 카메라를 써서 촬영하고 전송하면 안 될까요? 이렇게 엉성하게 해서는 당연히 안 되겠죠. 우선 일단은 달까지 가는 일이 무엇보다도 문제네요.

철— 구글에서 이런 제안을 한 이유가 뭔가요?

원— 그냥 좀 이상한 짓 하는 게 아닐까요?

철— 500미터라는 게 무슨 의미가 있을까요?

최— 최소한으로 움직였다는 무언가를 뜻하는 걸까요?

K— 최소한 이 정도는 가야지 작동을 했다고 보는 거겠죠.

원— 구글이 무슨 생각이 있겠죠. 구글이야 돈도 많으니까 다른 것들도 많이 합니다. 구글이 다음으로 또 하나 현상금을 걸어놓은 것이 〈스타트렉〉이라는 텔레비전 시리즈에 나오는 '메디컬 트라이코더Medical Tricorder'와 같은 의료용 기계를 만드는 거예요.

스타트렉 〈스타트렉Star Trek〉은 1966년에서 1969년 미국에서 텔레비전 시리즈로 처음 제작된 이래, 수많은 텔레비전 드라마 또는 영화, 컴퓨터 게임, 소설 등으로 다시 태어난 작품이다.

〈스타트렉〉에 보면 이것은 환자 몸을 스캔을 해서 병을 진단할 수 있는 기계죠. 이런 진단 장비를 만들면 돈을 주겠대요. 그런데 15종류의 병을 진단할 수 있어야 되고 무게가 2.2킬로그램 이하인 장비를 만들면 1,000만 달러를 주겠다는 것인데, 조건의 무게 2.2킬로그램은 미국식 도량형으로는 5파운드 이하가 되는 것이고, 이렇게 무게를 제한한 것은 한 손에 들고 다닐 정도의 가벼운 장비로 스캔해서 병을 확인하는 기계를 만들자는 것이겠죠. 이거는 한번 해볼 만하지 않을까요?

최— 진짜요?

원— 1,000만 달러니까 우리 돈으로 대략 100억 원을 주겠다는 것이죠. 혹시 의사들 가운데 과학을 잘 이해하고, 또 기계도 잘 아는 천재가 있지 않을까요? 그러면 만들 수도 있을 것 같은데요.

K— 이런 현상금이 걸려 있다는 사실 자체도 모르는 사람들이 많이 있으니까요.

최— 또는 누가 벌써 이런 걸 개발해놨는데, 현상금 주는 걸 몰라서 못 받을 수도 있죠.

원— 글쎄 누가 이미 14종류의 병을 진단할 수 있는 기계를 만들어놨는데, 거기에 하나만 덧붙이면 1,000만 달러를 받을 수도 있겠죠.

철— 갑자기 궁금해지는 게 온몸을 CT로 촬영하면 몇 개의 병을 진단할 수 있죠? 15종류가 안 될까요?

원— 15개는 안 될 것 같은데요. 그러면 이 기계는 적어도 CT나 MRI보다는 성능이 더 좋아야 한다는 이야기인가요?

K— 일단 15개 안에 감기나 뭐 이런 잡다한 병을 집어넣으면 되죠.

원— 15종류의 병을 우리 마음대로 사마귀, 티눈, 물집, 충치… 이런 거 다 집어넣으면 안 될까요? 관심 있는 사람들은 시도해 보시기 바랍니다.

그다음으로 온실가스를 제거하거나 이동시키는 기술을 발견하는 것에는 2,500만 달러의 현상금이 걸려 있는데, 우리 돈으로 환산하면 250억 원 정도겠죠. 여기서 온실가스는 이산화탄소겠죠? 그러면 온실가스를 이동시킨다는 것이 바로 이산화탄소를 이동시킨다는 이야기니까, 우리가 봉지에 공기 중에 얼마 있는 이산화탄소를 담아서 이쪽에서 저쪽으로 옮기면 되지 않을까요? 적어도 이런 건 아니겠죠?

최— 그렇게 간단할 수가 있겠어요?

K— 날숨을 봉지에 불어넣으면 이산화탄소가 많이 섞여 있으니까요.

CT CT는 '컴퓨터 단층촬영Computed Tomography'의 약자이다. X선을 발생시키는 원형의 큰 기계에 몸을 놓고 촬영하여 단순한 한 장의 X선 사진이 아닌 인체 횡단면의 영상을 얻는 장치이다.

원— 굉장히 순수한 이산화탄소를 봉지에 많이 담아서 우주에 가져가 터뜨리면 되겠네요. 아무튼 이런 것이 있다 하고, 실제로 현상금을 받은 이야기를 해보죠. 어렵다고 생각해서 현상금을 건 것일 텐데.

연료 1리터로 42.5킬로미터를 달릴 수 있는 자동차 개발이라는 게 있었어요. 여기에 10만 달러가 걸려 있었는데 이걸 누가 받아갔어요. 그 말은 지금 현재 지구에는 1리터에 42.5킬로미터를 달릴 수 있는 연비의 자동차가 있다는 이야기죠. 아무튼 이 현상금은 현재 받아갔다고 합니다. 그리고 바다에 기름이 유출된 태안사건이란 재앙이 있었잖아요. 바다의 유출된 기름을 빠르게 제거할 수 있는 기술에는 140만 달러의 현상금이 걸려 있었는데 이것도 누가 받아갔대요.

K— 그건 우리나라 사람들이 받아야 하는 것 아니에요? 빠르게 제거했잖아요. 기술은 아니지만 방법은 개발했죠. 많은 사람들이 하면 된다는 방법을 개발했죠.

원— 과학적이진 않지만, 이것 역시 사회적인 방법이죠.

최— 우리나라는 IMF도 금을 모으는 식으로 극복했죠.

K— 혹시 그 자동차, 페달을 밟아 밀고 가는 거 아니에요? 1리터만 쓰고 나머지 거리는 페달을 밟고.

원— 그럴 수도 있죠. 과학기술 분야의 현상금은 단순히 보상금이 아니라, 사실 그 문제를 해결하는 과정에서 해당 분야의 산업을 개척하고 발전시키는 기반이 제공되지 않는가 하는 생각이 들어서, 이런 현상금이 걸린 문제들이 계속해서 있었으면 좋겠어요. 어떤 사람들은 정말로 문제를 해결해서 상금도 받고, 또 그 기술을 세상에 퍼뜨리는 그런 경우도 있어서, 근래에 들어서는 새로운 기술도 많이 개발되고 있습니다. 그리고 천문학과 관련된 우주 탐사도 순조롭게 추진되어서 앞으로 많은 발견과 성과가 있었으면 좋겠습니다. 그래서 누군가가 과학에 걸려 있는 고액의 현상금을 타는 개가도 이룩하는 그런 일들이 많이 이루어졌으면 좋겠습니다.

K— 과학에는 현상금도 좋고 기부를 하는 것도 좋은 일이죠. 버진 갤럭틱이라는 우주여행 회사에 처음 투자한 사람 중 한 명이 마이크로소프트의 공동창업자로 폴 앨런이라는 부호더라고요. 그 사람이 천문학에도 큰돈을 기부해서 '앨런 텔레스코프 어레이Allen Telescope Array'라는 전파망원경을 만들었거든요. 그게 외계에 있을 수도 있는 생명체를 탐색하는 프로젝트입니다. 그런 식으로 외국에는 부자들이 과학 프로젝트에 기부를 하는 일이 보

버진 갤럭틱 버진 갤럭틱Virgin Galactic은 버진 그룹의 회장인 리처드 브랜슨Richard Branson이 설립한 우주여행 사업 회사이다. 민간의 우주여행을 계획하는 회사로 2014년 10월에는 이 회사의 우주여객기 스페이스십 II가 시험비행 중 이상이 생기면서 추락하기도 했다.

편화되어 있는 것 같은데, 우리나라에서는 그런 분위기를 본 적이 없는 것 같아요.

최— 우리 아까 시작하기 전에 농담처럼 이야기했는데 돈 많은 분들이 정말로 이런 분야에 기부도 좀 많이 하고 그러면 좋겠어요. 외국 같은 경우에는 워낙에 부자들이 세운 천문대도 많고, 연구소도 많고, 부자들이 만든 연구소에서 정말 이상한 연구를 해서 굉장히 재미있는 결과들도 많이 나오는데, 우리나라 부자들은 돈을 벌어서 과연 무엇을 하고 있을까요?

K— 자식들에게 상속하고 증여하고 있죠.

최— 그런데 그 자식들이 그렇게 상속하고 증여해줘도 고마워하지 않아요. 그러니 상속이나 증여하지 말고 이런 곳에 쓰는 것도 좋죠.

원— 한국 벤처의 대부라는 정문술 선생님은 카이스트에 계속 기부를 하고 계시거든요. 한 10여 년 전에 한 번 하고, 이번에 또 몇백 억 하고, 전부 합치면 300억인가 350억 원인가를 기부

폴 앨런 폴 앨런Paul Gardner(1953~)은 시애틀 출생으로 개인용 컴퓨터에서 동작하는 상업용 소프트웨어 개발의 꿈을 이루기 위해 워싱턴 주립대학을 중퇴하고 빌 게이츠Bill Gates와 함께 마이크로소프트를 설립했다. 이제 마이크로소프트에서 일을 하지는 않지만 세계적인 부호로, 스포츠 구단의 구단주, 기타리스트, 모험적인 기업, 과학의 지원, 박물관 등의 다채로운 영역에서 활동하고 있다.

했대요. 이분이 연세가 꽤 있으신 분인데 벤처 기업을 하신 분입니다. IT 벤처를 한 게 아니고 제조업 벤처 회사를 해서 돈을 굉장히 많이 벌었답니다. 그렇게 성공을 하고, 그런 다음에 회사도 거의 물려줘 버리고, 스스로는 은퇴해서 남은 재산으로 이런 식으로 기부를 하는 분들도 있기도 합니다.

그런데 일단 우리나라는 이런 분들이 적고, 또 부자들도 그쪽만큼은 부자가 아닌 거죠. 폴 앨런 같은 사람들 재산은 세기도 힘들 정도잖아요. 기부도 1억 달러씩 한다고 하더라고요. 1억 달러, 1,000억 원쯤 되네요. 이런 사람들이 있는 데다가, 졸업생들 중에 돈 많이 번 사람들이 그렇게 기부를 해서 명문 대학에는 장학금도 만들어지고 연구기금도 되고 하거든요.

최— 이렇게 과학 프로젝트에 기부가 활발하지 않은 이유 중 하나는 우리나라 과학자들이 자기의 프로젝트를 매력적으로 소개하지 못하기 때문인 것 같기도 해요. 내가 부자면 돈을 주고 싶다, 저걸 계속 연구를 했으면 좋겠다고 하는 어떤 매력을 느끼게 해야 하는데, 그런 방면에 조금 서툰 것도 있지 않을까요?

정문술 정문술(1938~)은 1983년 벤처기업 미래산업을 창업한 뒤, 2001년 경영 일선에서 물러났다. 2001년 카이스트KAIST에 300억 원을 기부했고, 그의 기부금으로 2002년 카이스트 내 바이오시스템학과가 신설되기도 했다.

어쨌거나 앞으로는 어떤 과학 연구 프로젝트에 연구비를 모으고 하는 일이 좀 활발하게 일어나고, 그런 일에 조금이라도 보탬이 되었으면 좋을 것 같아요.

원— 그러게요. 부자가 아니더라도 가끔씩 평생 김밥 장사해서 50억 원이나, 이런 큰돈을 모아서 그냥 대학에 기부하는 사람도 있죠. 그 돈을 잘 쓰면 좋은데, 제대로 쓰지 않는 경우도 실제로 있어요. 그래서 기부자와 다툼이 일어나기도 합니다. 이런 일들이 생기면 사람들이 기부를 꺼리게 되는 거죠. 그래서 기부금을 사용하는 시스템도 중요합니다. 어떤 목적으로 쓰라고 기부를 했는데, 이것으로 이상한 일을 벌이고 하면 안 되는 겁니다.

아무튼 과학 연구에는 많은 돈이 필요합니다. 그런데 국가 예산도 돈이 갈 때 제대로 가지 않는다는 것이 문제인 겁니다. 이런 데다 돈을 내야 할 사람이 세금도 제대로 안 내니까, 어디 기부는 말도 꺼내기 힘든 게 안타까운 현실입니다. 이런 것들이 '대박 통일' 이전에 미리 이루어져야 할 일이고, 정직한 사회가 되면 통일도 좀 더 쉽지 않을까 생각이 듭니다.

오늘 모신 서울대학교 물리천문학부 윤성철 교수님, 감사했습니다. 물론 K박사님도 잘 설명을 해주시지만요.

K— 저하고는 설명의 깊이가 다른 것 같아요.

철— 전에도 아이들 대상의 대중강연을 몇 번 했지만, 성인을 대상으로 이런 이야기를 해서 저도 아주 즐거웠습니다.

원— 감사합니다. 앞으로도 또 기회가 있으면 좋겠습니다. '과학하고 앉아있네'도 앞으로 현상금을 걸거나 하는 행사를 가져야겠습니다.